文鳥のヒミツ

横浜小鳥の病院院長
海老沢和荘　著
グラフィック社編集部

はじめに

私と文鳥との出会いは、高校1年生のときでした。両親がテストで良い点数を取るとご褒美をくれたので、ご褒美のために中間テストや期末テストは一生懸命頑張りました。ご褒美に何をねだるかというと、小学生の頃からいつも鳥か飼育器具です。

高校1年生の期末テストで良い点数を取ることができた私は、母におこづかいをもらい、自転車に乗ってペットショップに向かいました。そのときに飼おうとしていたのはジュウシマツ。ジュウシマツのペアを飼って巣引きに挑戦したかったのです。ペットショップでは、さまざまな鳥たちがいつも合唱していました。もちろん手乗りに育てるためのヒナもいました。

竹製のマスかごを覗くと、そこには文鳥のヒナがいました。私の顔を見ると大きな口を開けて、首を千切れんばかりに伸ばして餌をねだってきました。その中にいた黒いヒナがあまりにも大きな声でアピールするので、ジュウシマツはまた今度にすることにして、まだ飼ったことのない文鳥をお迎えすることにしました。この子は男の子と勝手に決めつけて「ブンタ」と名付けました。

今ではヒナ用のフォーミュラがありますが、その時代はなかったため、鷲尾絖一郎先生や宇田川竜男先生の文鳥の本を食い入るように読んで、自家製のあわ玉を作って挿し餌をしました。すくすくと育ったブンタは、私に文鳥という生き物の姿を色々と教えてくれました。今まで手乗りはセキセイインコしか飼ったことがなかったのですが、まったく違う生き物であることがわかりました。予想通り男の子だったブンタは、とにかく気が強い。先住のセキセイインコに気後れすることなく、自分が思ったように行動します。相手の気持ちなどおかまいなしの様子です。

ところが私が風邪をひいて寝込んでいるとき、心配そうに覗き込んで寄り添ってくれたりもしました。そしてとてもツンデレです。甘えたいときは手の中に入り込み撫でさせ、触って欲しくないときには手を出すなと威嚇します。私が受験勉強をする傍らでいつも悪戯し、ふと気づくとおもち姿になって寝ている姿に何度も癒されました。そしてこの子が病気になったときは自分で治すことができるよう、鳥専門医への道をひた走る原動力となってくれました。

文鳥はストレス耐性の強い、丈夫な鳥だと思います。栄養バランスと感染症に気をつければ、病気は少ないです。逆に栄養バランスが悪いと、老化しやすく病気がとても多くなります。そしてお迎え時だけでなく、成鳥になってからも免疫が下がると感染症を引き起こします。メスは発情すると毎日卵を産むため、低カルシウム血症を引き起こしやすくなります。メスは発情抑制をきちんと行い、産卵してしまう場合はカルシウムをしっかりと補給する必要があります。

文鳥は情報が少なく、どうしたらいいのかわからない飼い主さんが多いと思います。この本が少しでも幸せな文鳥ライフのお役に立てれば幸いです。

横浜小鳥の病院院長　**海老沢和荘**

文鳥のヒミツ

Contents

2章 暮らしのヒミツ

3章 病気・健康管理のヒミツ

1章

かわいさのヒミツ

世界初!?
文鳥のかわいいしぐさ、たまらないパーツを
生物学の目線で解説します。

おもち姿のヒミツ

文鳥ならではのかわいい姿

飼い主さんのそばで見せてくれる、
特別なまん丸の姿。
丸くなった姿は、
「おもち文鳥」とも呼ばれています。
ほかの鳥もリラックスしたり、
安心すると丸くなることがありますが、
飼い鳥の中では文鳥が一番丸い、
おもちみたいな姿になるようです。

筋肉の収縮に合わせて羽が動く仕組み

文鳥に限らず一般的な鳥の羽は、図1のように皮膚の中に生えています。人の髪が生えている断面図と似ていますね。

羽の先端(羽軸根《うじくこん》)は、羽嚢《うのう》という袋のようなものに包まれています。羽嚢の周りにはさまざまな筋肉があり、筋肉が動くと羽嚢も動き、これに合わせて羽が寝たり立ったりする仕組みです(図2、3参照)。

寒いときに羽がボワッと膨らむ「膨羽《ぼうう》」や、緊張や恐怖を感じた際に鳥の体がシュッと細くなるのも、おもち姿のときと同じように筋肉が収縮して羽が動いています。

私たち人間も毛穴がポツポツと立つ鳥肌状態になることがあります。興奮やストレスが交感神経を刺激すると、毛穴の中にある毛立筋が動き、鳥肌になります。人間は体毛が少ないので毛が立っているのがあまり目立ちませんが、全身羽毛で囲まれている鳥類は羽嚢の筋肉が収縮すると羽毛が起立して目立ちやすいというわけです。おもち姿のときは、別の羽嚢の筋肉が働き、羽は立った状態になります。

羽は文鳥が感じていることを素直に表してくれる、わかりやすいサインといえるのではないでしょうか。

図1 羽が生えているところ(断面図)

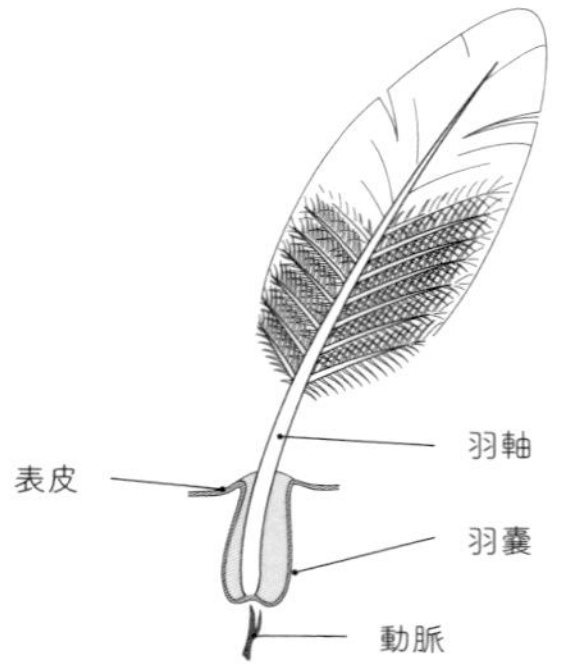

図2 羽が寝ている状態

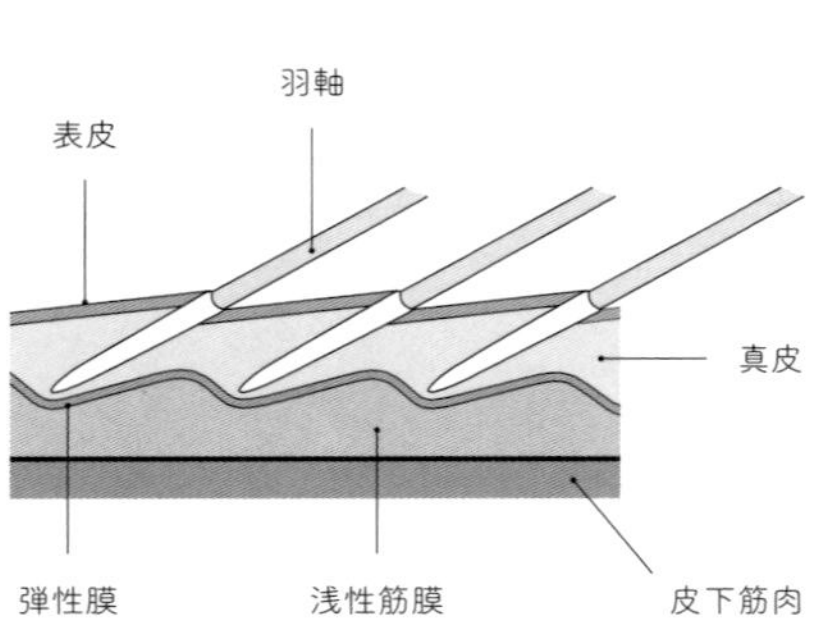

図3 羽が立った状態

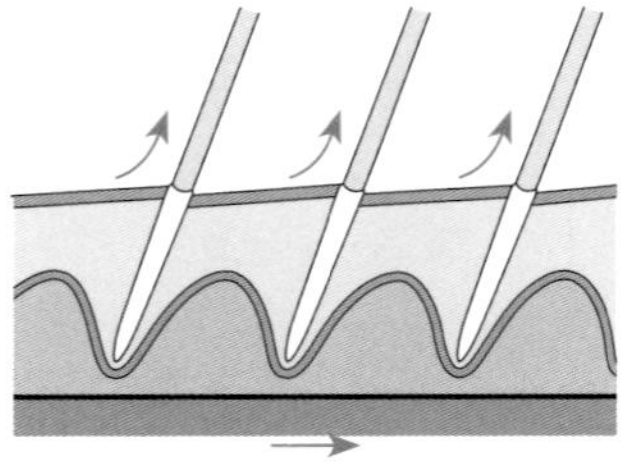

皮下筋肉が矢印の方向に動くと、弾性膜や浅性筋膜が引っ張られて、羽軸の根元が動き、羽が立つ仕組み。

リラックス♪

おもち姿ファイル

リラックスしている姿は
飼い主さんだけが
見られる特権！
幸せなおもち文鳥を
集めました。

愛鳥家ユニットtorinotorioさんの文鳥、ドロンパちゃんのおもち姿。完璧な白いおもちがたまらない。

はなぶさ堂の仲良しペア。

飼い主さんの指の上でおもちになる、ことり珈琲店の２羽。

赤い色のヒミツ

文鳥のキーカラー

桜文鳥、白文鳥、シルバー文鳥、シナモン文鳥、
ゴマシオ文鳥、ノーマル文鳥……。
どのカラーの文鳥にも共通するのは、
きれいな赤い色。
くちばし、アイリング、細い脚を彩るその赤に
魅せられた人も多いはず。
あざやかすぎない、どこか優しい色合いの
赤のヒミツに迫ります。

赤い色は文鳥の血の色

文鳥の特徴である赤い色は、すべて体に流れる赤い血液の色そのものです。目の周りのアイリング(眼瞼輪《がんけんりん》)、くちばし、脚の色は血液が皮膚に透けているために赤く見えます。ほかの鳥と比べて文鳥の血が特別濃いわけではありません。毛細血管が表皮に近いところにあるため、血液の赤い色が目立ちやすいのです。また、ほかの鳥に比べると文鳥は表皮の色素が薄いので、血液の色が透けやすくなっています。

　小さな生き物は体調不良を敵に察知されないように隠すという本能があります。そのため体の不調がわかりにくいのが難点ですが、文鳥の貧血は見た目で判断ができるのが特徴です。血液量が少ないと赤い色はくすみ、白っぽく見えます。また、血中の酸素濃度が低下すると暗色になります。

アイリング、くちばし、脚の色で健康がわかる

健康な成鳥

赤いくちばしは健康の証。

貧血の文鳥

一番右は重度の貧血のためにくちばしがほぼ白くなった状態。

シニア文鳥

老化のため、薄いピンク色になったくちばし。

若鳥

まだ毛細血管が発達しきっていないので、アイリング、くちばしともピンク色。

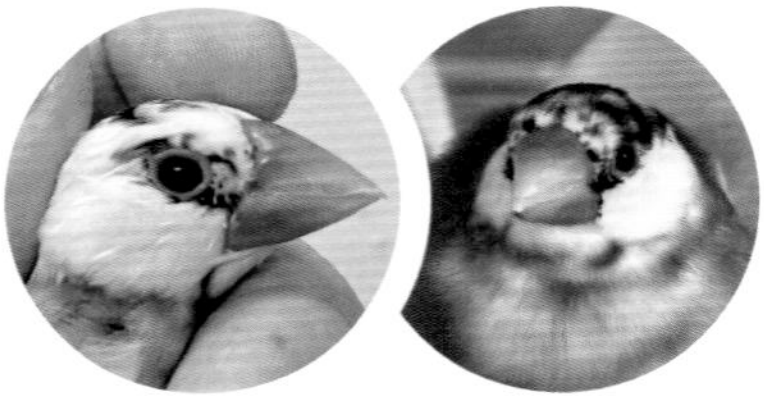

暗色のくちばし

酸素濃度が低下したため、くちばしが紫がかって暗色になっている。

Column

くちばしの色を比べてみよう

さまざまな鳥のくちばしの色を比較してみましょう。くちばしは主に色素によって種ごとに色が決まっています。ノーマル(原種)から品種改良された飼い鳥は、体全体の色素も改良されているのでくちばしの色も変わることが多いのです。

ニワトリ

くちばしは黄色い色素の色。トサカは文鳥と同じく、血液の色がそのまま表れている。

オカメインコ(ノーマル)

くちばしはメラニン色素によるもの。少し黒っぽい。

オカメインコ(ルチノー)

ノーマルと違ってメラニン色素がない。肌色に近い色。

キエリクロボタンインコ(ノーマル)

くちばしはカロテノイド色素による赤。文鳥と同じ赤でも仕組みが異なる。

キエリクロボタンインコ(ブルー)

くちばしに色素がない。薄いピンクのような色味。

目のヒミツ

つぶらな瞳の熱視線

文鳥のかわいさを語るうえで
欠かせないのが目の存在。
うるんだ黒い瞳の周りには、
おしゃれな赤いアイリングが縁どります。
注目したいのは、その視線の動き。
小さな瞳を一生懸命に凝らして
たくさんのことを
今日も見守っています。

目は情報を仕入れるところ

文鳥は飼い主さんのことを、視覚をフルに使って見分けています。飼い主さんの顔の特徴や体の動かし方などを目で確認して、ほかの人と区別するようです。飼い主さんが帽子を被っただけで、文鳥が威嚇することもあります。文鳥の目には、急に現れた敵に見えたのかもしれません。

目で得た情報だけでなく、声の情報も組み合わせて、総合的に認識します。とある研究では、鳥に仲間の鳥の写真を見せ、そのあとに数パターンの声を聞かせて反応の違いを調査しました。写真と声が異なる場合に「いつもと違う」という反応を見せたそうです。この研究は文鳥ではありませんが、文鳥も同じように視覚と聴覚をフル活用していると考えられます。文鳥によっては、好きな色と嫌いな色など、色の好みもあるようです。

目の大きさは頭の約3分の1

人の目は、頭の約６分の１の大きさ。文鳥の目が小さな体に比べていかに大きいかがよくわかります。

見える世界は人よりカラフル

鳥は人よりももう１色、紫外線の色が見えると言われています。残念ながらどんな世界かはわかりませんが、文鳥にしか見えない色があるのかもしれません。

しっかり見たいときは片目でチェック

鳥類はふだん、両目を使って物を見ることはあまりないと言われています。フクロウのように顔の前面に両目がついている鳥は例外ですが、スズメやハトのように目が頭の側面にある鳥は、片目を使って識別しています。特に、自分の近くにあるものは片目だけで識別しています。これらの鳥に近い体型をしている文鳥も、同じように片目を駆使して世界を見ていると考えられます。

ただし、片目で見ると両目で見るのに比べて物の奥行きを確認することが難しく、平面的な見え方になります。鳥はこれを修正するために頭を素早く動かして、片目で捉えた2つの画像の情報を総合させて、対象を認識しています。文鳥が小刻みに首を動かしているときは、気になるものをしっかり観察しているのです。

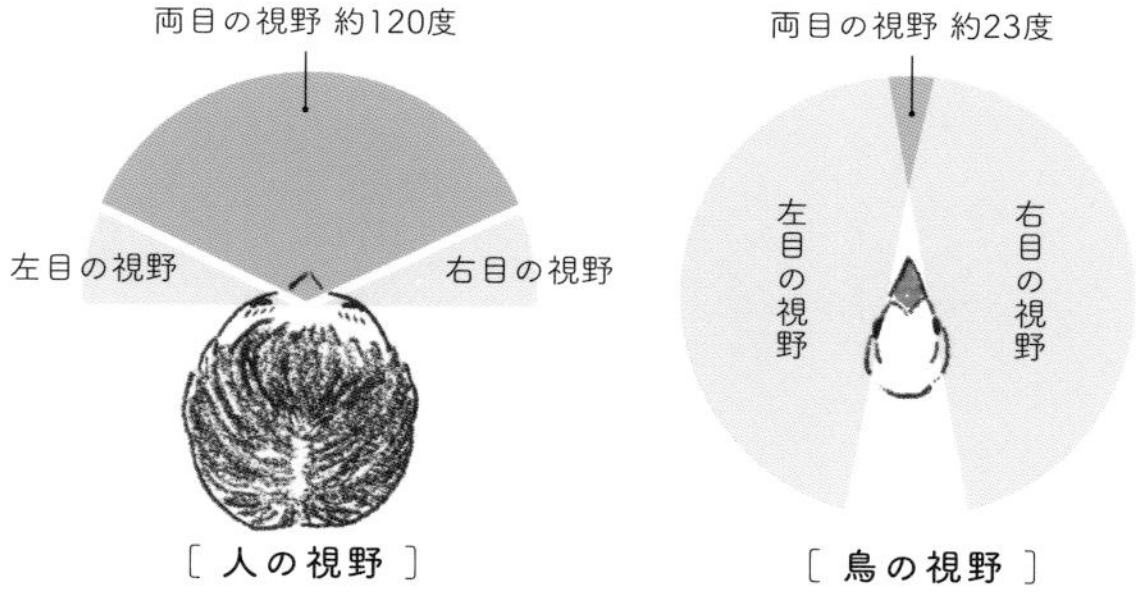

人と鳥の視野の違い

人は両目で見える範囲が広いのに比べ、鳥はとても狭いことがわかります。

文鳥の視線いろいろ

片目と両目を使って物を見ている瞬間の文鳥です。

両目で正面を見ている様子。視野は狭いですが、両目で見ないわけではありません。

上に気になるものがあるとき。片目で追っているのがわかります。

首を小刻みに動かして、上、下、正面のすべてを確認しています。

首のヒミツ

変幻自在の不思議な体

おもち姿のときにはなぜか見当たらない
文鳥の小さな首。
でも何かを見つけたり音に反応したときには
まっすぐにシュッと伸びる
不思議な首。
ピンと首が伸びたときは
どこか凛々しい姿になるのも
文鳥の魅力のひとつ。

長くて柔らかい不思議な首

おもち姿のときなどは首が見えませんが、羽毛の中には白鳥のようなスラリとした首が隠れています。白鳥の首の周りにはたくさんのしなやかな筋肉がついており、自由自在に動かすことができます。文鳥も多少の違いはあれど、同じ鳥類なので基本構造は似ています。

首はくちばしを動かす際の起点になる部分です。くちばしはインコ類のように足を器用に動かせない文鳥にとって、羽づくろいやスキンシップをとる際に重宝します。文鳥どうしでナワバリ争いのケンカをする際にも、くちばしを大きく開いて、相手を威嚇します。気になるものを見つけたときにも、首を伸ばして目で確認します。首は、必要に応じて使えるよう、伸縮自在の仕組みになっているのです。

ずんぐりむっくりに見えて……

こんなに伸びる！

柔らか〜い

首コレクション

いろんなポーズの文鳥の首を集めました。

首をぐるりと後ろに回して、背中の羽毛を羽づくろい。

頭がない!? と思ったら、後ろに回して寝ています。

おなか周りの羽づくろいも、首を器用に動かして完璧。

日本初発見!?

文鳥の首の骨は12個!

哺乳類は、なぜか首の骨は同じ数と決まっています。首の長いキリンも人も、7個の首の骨（頚椎《けいつい》）で首を構成しています。

ところが鳥類は、種類によって首の骨が異なるのです。一般的な鳥類の首の骨は11個～と言われています。首の長いオオハクチョウにいたっては、なんと25個も首の骨があるのです。

横浜小鳥の病院にあるCTスキャンの機械を使って調べたところ、文鳥の首の骨の数は12個ということがわかりました。

インコの仲間

11個

※鳥種によって差があります。

文鳥は12個!

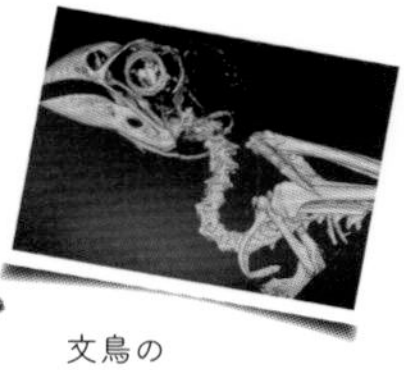

文鳥の
CTスキャンの画像

オオハクチョウ

25個!

哺乳類

7個

おしりのヒミツ

ちらっと見えるのがたまらない！

ふだんはほとんど見えない
隠されたチャームポイントが、
文鳥のおしり。
たまに尾羽をあげたときに見える
まんまるなおしりがなんともかわいい。
おしりだけを追いかける
あぶない飼い主さんも
急増中だとか!?

おしりの定義は生物学上ない!?

実は鳥の体を解説する生物学的な用語の中に「おしり」や「臀部《でんぶ》」という言葉は出てきません。SNSをはじめ、飼い主さんの間では文鳥のおしりが大人気ですが、その場所が実は図鑑や教科書にも載っていないなんてちょっと面白いですね。

おしりの定義を作るとすれば、尾羽をあげたときに見える下尾筒《かびとう》という小さな白い尾羽の下に位置する場所でしょうか。鳥の長い羽が生えていないところはすべて「腹」と呼ばれているので、腹の中でもフンが出てくる排泄孔があるあたり、ということになります。排泄孔は卵も出すところ。右ページの写真のように、小さな羽毛の中でちらっと見える点のような穴です。

文鳥にも ぼんじりがある

焼き鳥屋さんでおなじみのぼんじりは、ニワトリの尾脂線（脂が出ているところ。鳥はこの脂をくちばしを使って羽に塗り、羽ヅヤを整えています）のあたりの軟部組織です。文鳥にも指先程度の小さなぼんじりがあります。

モフモフ

おしりファイル

飼い主さんたちを虜にする!?
貴重なおしりショットを集めました。

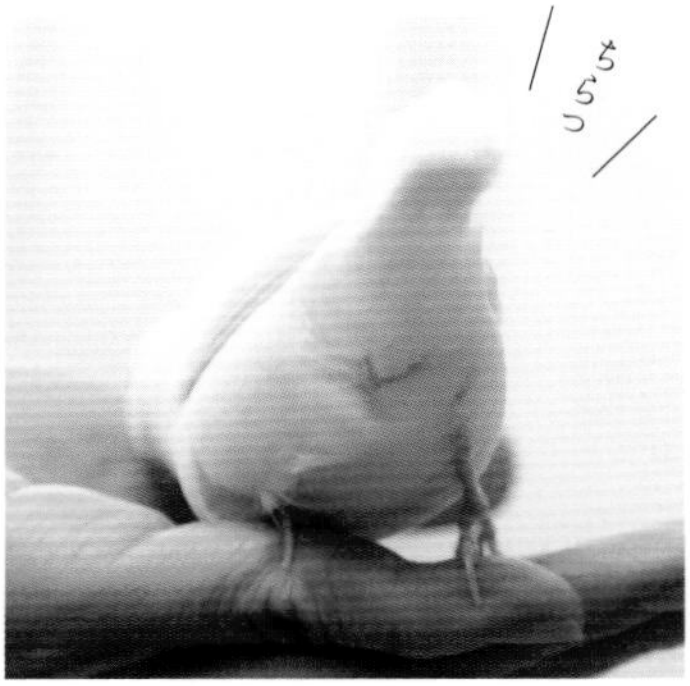

ももひきのヒミツ

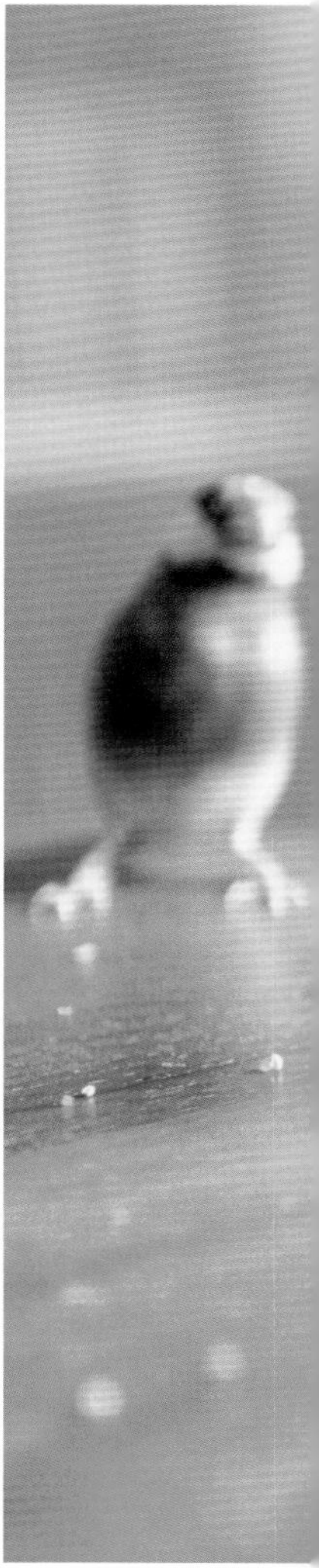

にょきっと見える不思議な脚

モフモフの羽毛の中に
隠されている、実は長い文鳥の脚。
ジャンプしたり
何かにつかまった瞬間に
にょきっと見えるのが
通称「ももひき」。
おじいちゃんが履いている
あの肌着にそっくりって
飼い主さんの間では噂になっているみたいです。

文鳥のももひきは人のスネと同じ場所！

下の図を見ながら、人と文鳥の脚の構造を比べてみましょう。

まずはかかと（踵）の位置を確認します。なんと文鳥のかかとは、通称「ももひき」のあたり、おなかのつけ根部分にあるのです。かかとから上にまっすぐスネ（脛足根骨）が伸び、その上にフトモモ（大腿骨）があります。フトモモとスネの間にあるのがヒザです。ふだんは羽毛の中に隠れていることがほとんどです。

つまり、ももひきと噂されていた場所は、実はスネだったのです。人と鳥は同じ二足歩行ですが、これだけ仕組みが異なるのは、飛ぶときに余計な骨を最小限にしたこと、木の上で暮らしやすいように進化した結果ではないかと言われています。

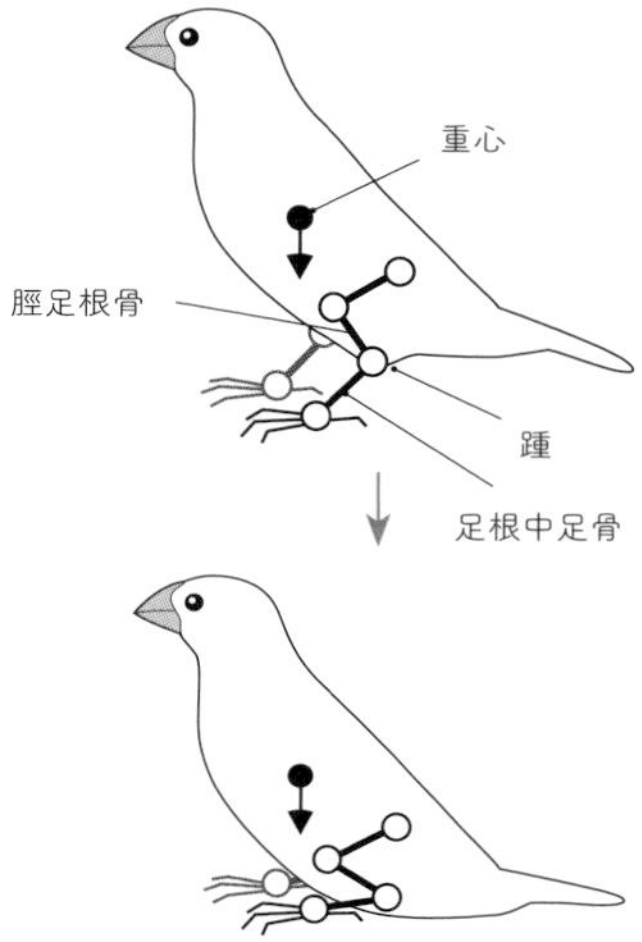

Column

長い脚は重心に沿って折りたたまれる仕組み

右ページで見たように、文鳥はかかとを浮かせながら、常に中腰状態で立っている状態です。寝るときは腹の前部分にある重心に沿って、長い脚を図のように折りたたんでいます。

カギとなるのが、脛足根骨《けいそくこんこつ》（スネ）と足根中足骨《そっこんちゅうそくこつ》の長さがほぼ同じというところ。この２つの長さがチグハグだと、重心に沿って座ることができません。ほとんどの鳥類は２つの骨の長さが同じ仕組みなのです。

マッチョ！

ももひきファイル

かわいいけど、たくましい!?
貴重なももひきショットを集めました。

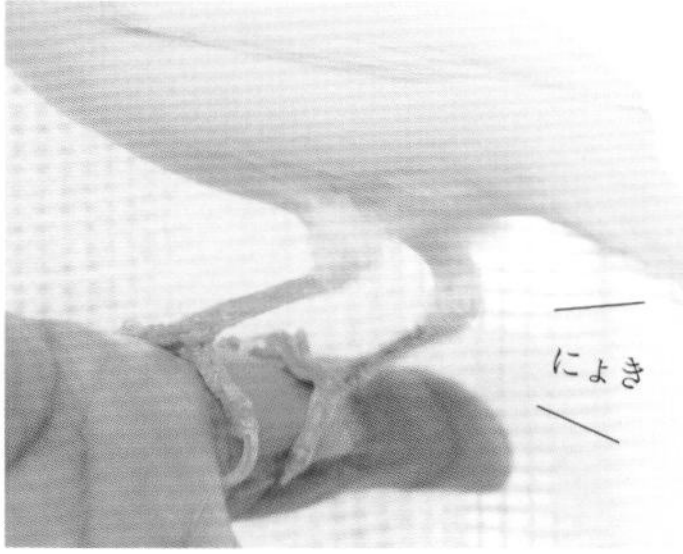

ぴょんぴょん跳びのヒミツ

小さな鳥らしい かわいい跳び方

両足をそろえて
ぴょんぴょんぴょん。
街角のスズメたちもよくやっている
フィンチならではの
小さなジャンプ。
うれしいときに
跳ぶこともあるようです。

ヒミツは脚の腱にあり

28ページで解説したとおり、文鳥のかかとは、おなかのつけ根あたりにあります。これを頭に入れておくと、文鳥がぴょんぴょん跳びをするときにどうやって力を入れているのか、イメージがつかみやすくなると思います。人間も両足をそろえて文鳥のように飛ぶ場合、足首の反動だけで飛ぶことになりますよね。

文鳥はちょっとした移動やふだんのしぐさでこの跳び方をしますが、すべての鳥がこれをするわけではありません。ところが、文鳥を見てセキセイインコが真似をしたり、スズメを見てカラスが真似をすることも多いようです。ほとんどが遊びでやっているようなので、ほかの鳥から見てもぴょんぴょん跳びは楽しそうなのかも。文鳥もごきげんなダンスを踊るときも、ぴょんぴょん跳びをたくさん交えるようです。

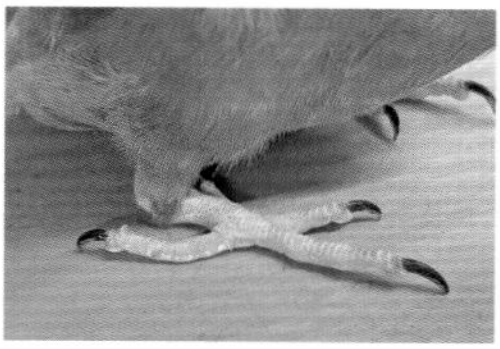

インコ
前に2本、後ろに２本のあしゆびがある、対趾足（たいしそく）。物がつかみやすい。

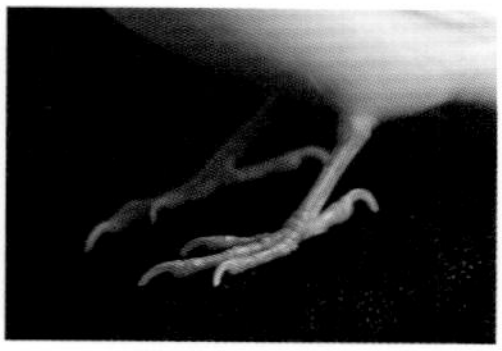

文鳥
前に３本、後ろに１本のあしゆびがある、三前趾足（さんぜんしそく）。

鳥の足いろいろ

ぴょんぴょん跳びを支えているのは、文鳥のあしゆびの形。鳥には足裏がほとんどなく、あしゆびを使って地面を歩いています。文鳥はうしろ側にあしゆびが１本あるので、ぴょんぴょん跳び（ホッピング）しやすい構造です。

Column

後ろ足は自動的にモノをつかむ仕組み

立っている状態の腱

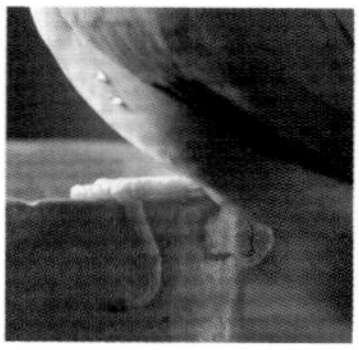

止まり木に止まった状態の腱

文鳥が止まり木や何かに止まるときにほとんど失敗をしないのは、足根中《そっこんちゅう》足骨《そくこつ》に立派な腱があるためです。止まり木に止まった瞬間、自動的に腱がひっぱられ、あしゆび全体が自動的に止まり木をしっかりとつかむ仕組みになっています。

羽のヒミツ

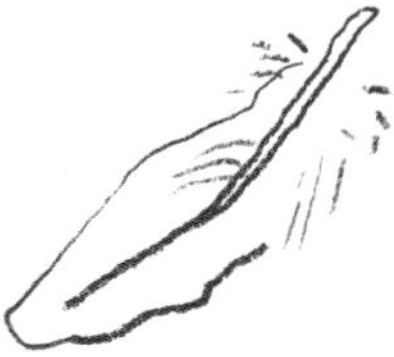

触れるだけで心地いい至高のモフモフ

小さな文鳥の体を優しく包むのは
柔らかな羽毛たち。
飛ぶためにつくられた機能的な素材なのに
飼い主さんまで癒やしてくれる
触り心地ばつぐんの、モフモフ素材。
換羽期に落ちる抜けた羽は
飼い主さんだけがもらえる宝物ですね。

ヒナから大人へ羽は生えかわる

32ページの文鳥は若鳥。ヒナから大人へと羽が生えかわる、換羽の真っ最中です。茶色っぽい羽は幼《よう》羽《う》と呼ばれ、成鳥とは違う色や模様を持っていることがほとんどです。成鳥になると、年に1回以上、季節に合わせて換羽が起きます。個体差や季節の関係もありますが、尾羽や風切羽などが生えかわる完全換羽、全身の羽が部分的にかわる部分換羽を一年の中で迎えます。

羽が抜けるときに血が出ないのは、換羽のよくできたシステムです。換羽の間に羽《う》嚢《のう》(10ページ・図1参照)の中で新しい羽が作られます。このとき、羽嚢の先は動脈とつながっており、新鮮な血液を羽嚢の中に取り入れて新しい羽を作ります。羽ができると、血液をひいていた動脈は自然と羽嚢から遮断されるのです。このため換羽による出血は起こりません。

文鳥の羽図鑑

文鳥の羽。文鳥には水鳥やインコが持つ綿羽(ダウンとも呼ばれる。羽軸のない小さな羽で防寒にすぐれている)はほとんどありません。文鳥の出身地であるインドネシアには冬がないためです。

Column

換羽期に気をつけたいこと

換羽期の文鳥はあまり体調がよくありません。それもそのはず、血液を使って羽を作り出している最中ですから、いつもより体に負担がかかっているのです。かまおうとすると「ほっといて!」と嫌がることもあります。体調が悪いときは、そっとしておいてほしいもの。人にもそんなときがありますよね。換羽が落ち着くまでは見守りましょう。

知ってた！？

羽が生えない無羽域《むういき》のこと

　どこから見ても羽に包まれてモフモフの文鳥ですが、実は鳥の体の表面には、羽が生えない「無羽域」があります。「えっ。どこに？」と思ってしまう方も多いと思いますが、長い羽（正羽《せいう》）で無羽域を覆い隠していることがほとんどで、羽が生えていないからといって常に露出しているわけではありません。また、一般的にほかの鳥は、無羽域でも半綿羽、綿羽などが生えていることがあります（文鳥はどちらの羽も多いわけではありません）。ペンギンやダチョウは無羽域がなく、全身びっしりと羽毛に覆われています。

　無羽域は、熱を逃がしたり羽をしまう場所をつくるための場所です。健康診断で採血を行う際や皮下注射する際にも、獣医師は無羽域を選んでいます。

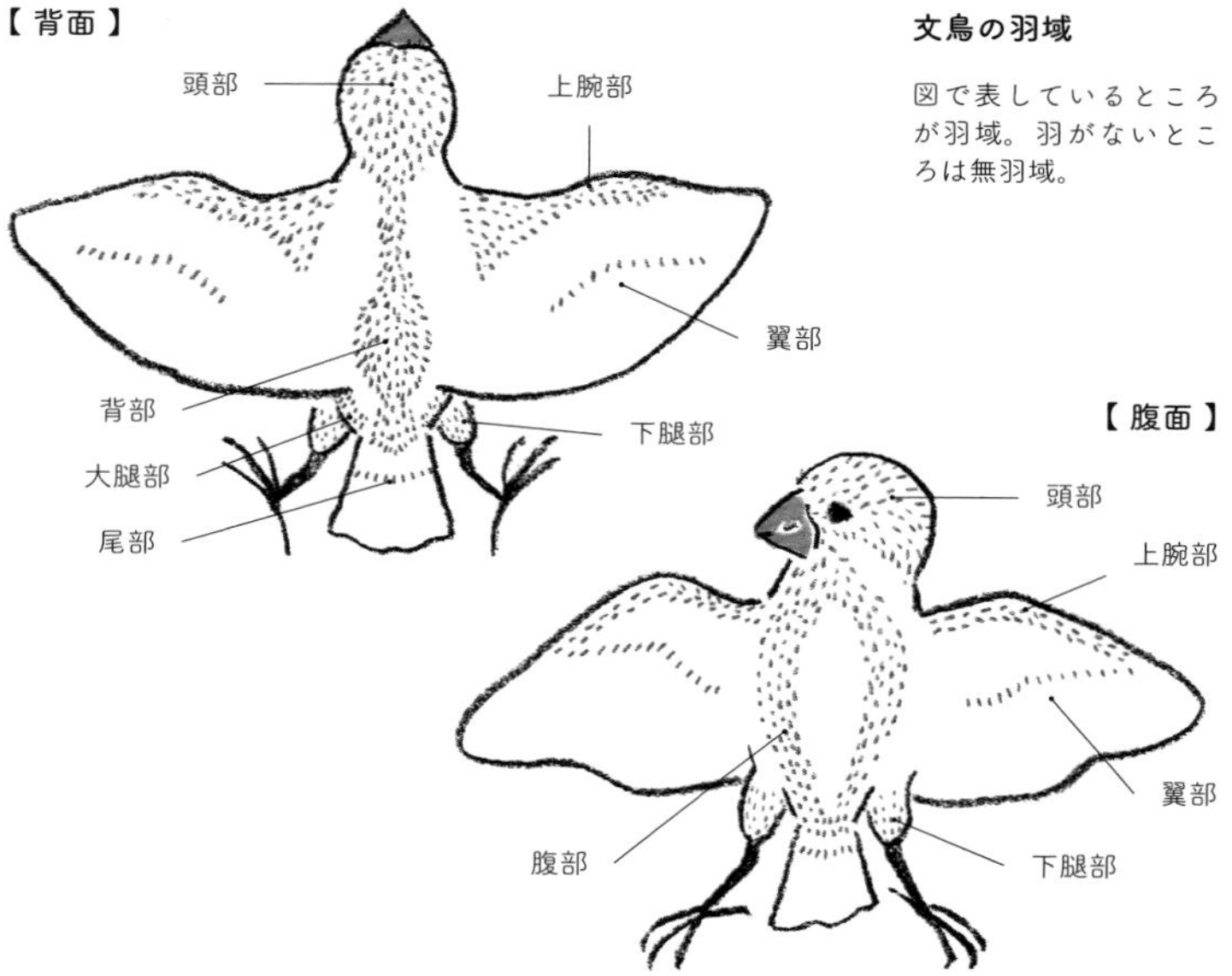

文鳥の羽域

図で表しているところが羽域。羽がないところは無羽域。

水浴びのヒミツ

元気な姿に見ている側もうれしくなる

元気に水の中でバシャバシャする派、羽をちょっとだけ濡らす派、潜る勢いで水につかる派。蛇口に体ごと突っ込んじゃう派——。水浴びスタイルは文鳥の数だけあるのかも。

体を清潔に保てる楽しい遊び

文鳥は平均湿度が80％にもなる、インドネシアの鳥です。高温多湿の環境を生き抜くには、体の熱を逃がす水浴びが有効です。水浴びには体の汚れをとる効果もあります。インコ類は水浴びをしなくてもさほど汚れませんが、文鳥は水浴びをしないとどんどん汚れ、羽がくすみ、羽がヨレてきます。

水浴びは文鳥が好きな遊びのひとつです。ところが、まれに水浴びをしなかったり、極端に水浴びがヘタな文鳥もいます。頭や羽の一部だけを水につけるなどのタイプです。おそらく水浴びは本能だけではなく、学習行動の側面もあるのではないかと考えられます。生まれてすぐに親やきょうだいと離れて過ごすと、水浴びのことを教えてもらう機会がありません。学習の機会がなかった文鳥は、じょうずに水浴びができなくなってしまうことがあるのです。

Column

スズメやウズラは砂浴び派

スズメが水たまりなどで水浴びするところを見たことがあるかもしれませんが、スズメは砂浴びもよくします。砂浴びは水浴びと同じような効果があり、特に野生下では寄生虫から身を守るために必須の行動です。ウズラやニワトリなども砂浴びが好きです。野鳥たちも健康と遊びを兼ねて、水・砂浴びを楽しんでいるようです。

寝姿のヒミツ

ゆっくり休んでね

ふと気づくとケージが静かになっている……。
そんなときに文鳥をのぞくと
いつもは丸く大きな瞳が
糸のように閉じられています。
寝ているときは体も丸くなって
スヤスヤ気持ちよさそう。
見ているこちらも幸せになる、
文鳥の寝姿ですね。

寝るときは基本的に仲間と一緒

寝るときは体から体温が逃げないように羽と羽の間にたっぷりと空気を入れて膨らませ、丸くなります。首を曲げて胸の中にしまうこともあります。

1羽飼いだと見ることができませんが、本来、文鳥は寝るときは必ず仲の良い文鳥と2羽でぴったりとくっついて眠ります。たくさんの文鳥と群れで暮らしていても、ジュウシマツやスズメのようにみんなで肩を寄せ合っては寝ません。くっついて寝る相手は決まっているようで、仲の良い仲間やパートナーを選びます。

二本の足で止まり木にしっかりとつかまって眠りますが、たまにお腹を地面につけて寝る若鳥がいます。人間で言う赤ちゃん返りの現象です。あたたかい巣の中で、全身を伸ばして寝て過ごしていた幸せなヒナの頃を思い出しているのかもしれませんね。

スヤスヤ

おやすみファイル

安心している姿がかわいい！
文鳥が寝ているところを集めました。

2羽でスヤスヤ。体をぴったりくっつけて仲が良さそう。

1羽でうとうと……。体はぷっくりと丸くなっています。

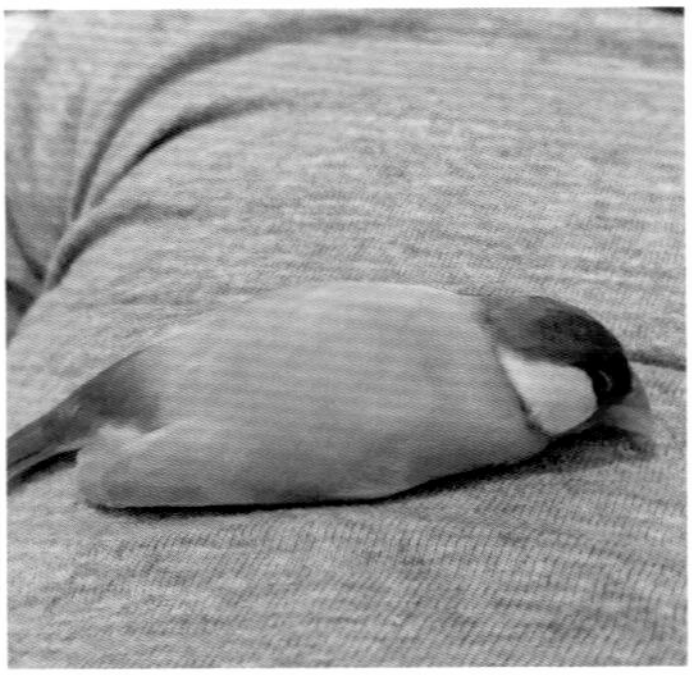

噂のヒナ返り!! しかも飼い主さんのおなかの上で……。成鳥でもごくまれにヒナ返りしてしまうことがあるようです。

最新研究から紐解く

文鳥も夢を見る⁉

ケージから聞こえるのは寝言？

たまに布をかぶせたケージから鳴き声が聞こえることがあります。今は寝ているはずなのにどうしたんだろうと心配になる飼い主さんもいるかもしれません。でも実はそれ、文鳥の寝言なのかもしれないのです。

鳥類は夢を見る

とある研究で睡眠中の鳥の脳波を調べたところ、どうやら鳥も夢を見ているということがわかりました。ほぼすべての鳥類がそうであると考えられるため、文鳥も夢を見ているはずです。しかも、文鳥と種類が近いキンカチョウを研究したところ、キンカチョウは夢のなかで新しいさえずりの練習をしていることがわかりました。これは人でいえば、睡眠学習のようなもの。

一般的に鳴禽類《めいきんるい》と呼ばれるスズメ目の鳥は、美しい声を出す鳴管《めいかん》という場所が発達しており、上手にさえずることができます。ただし、さえずりは生まれつきできるものではありません。ウグイスが春に「ホーホケキョ」と鳴くのは、実は地道な練習を繰り返しているからなのです。キンカチョウの研究によると、夢の中でもこのさえずりを練習し、数パターンも学習していることがわかりました。

文鳥も夢でぐぜりの練習!?

文鳥のオスも性成熟を迎えるとぐぜりというさえずりの手前の練習ようなものを行います。研究などで明らかになったわけではありませんが、文鳥もキンカチョウと同じように睡眠中にさえずりの練習をしているのかもしれません。

文鳥たちがどんな夢を見ているかはまだわかっていません。学習するだけではなく、楽しい夢も見ているのかもしれませんね。

にぎられ文鳥のヒミツ

両手にぽわんと文鳥のあたたかさ

なぜか人の手の中に
すっぽりとおさまるのが
好きな文鳥たちがいます。
通称「にぎられ文鳥」。
にぎられるのを待っている子から
自分で手の中に入ってくる子まで。
どの子もとろけた顔で
幸せそう。

ヒナのときのことを思い出しているかも

飼い主さんの手の中にすっぽりとおさまるのが大好きな文鳥たち。なかには自ら「にぎって」とおねだりする文鳥もいます。なぜ、人の手の中が好きなのでしょうか。野生の文鳥の暮らしの中にも、にぎられるようなシーンはありません。

人の話になりますが、狭いところに入るのが好きな子がいます。そうした子どもたちには母親のおなかの中にいた頃の胎内記憶が残っているため、胎内のような狭い場所が落ち着くといわれています。

人と同じように、文鳥もにぎられて狭い空間に入ることで、卵の中にいたときのことを思い出すのではないかと考えられます。また、ヒナのうちから人ににぎられ続けると胎内記憶ならぬ卵内記憶が維持され、成長した今も安心できる場所になっているのかもしれません。

Column

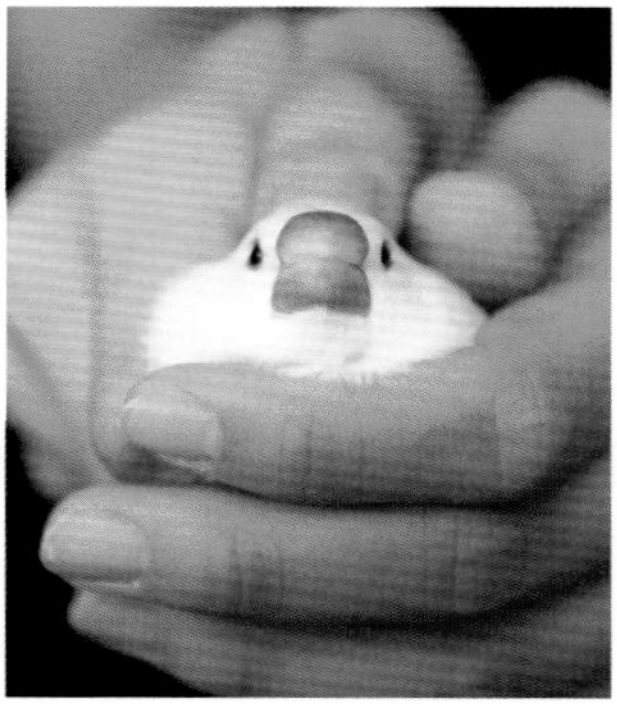

にぎるだけがコミュニケーションではない

「うちの文鳥はにぎらせてくれない…」と悩んでいる飼い主さんもいるかもしれません。けれど、にぎることだけが信頼関係ではありません。文鳥にも個性があり、にぎられるのが苦手な子もいます。別の形で文鳥とコミュニケーションをとれればそれで良いのです。

あたたかさのヒミツ

特別な体温

指先に伝わる
文鳥のぬくもり。
こんな小さな体のどこに？
と不思議になるほど、
じんわりと伝わる文鳥の体の熱。

人よりもあたたかい

文鳥の足には羽が生えておらず、インコやオウムのような頑丈なウロコもありません。足はほぼむき出しの状態で、かつ、体内に溜まった熱を外に放出するという役割があります。文鳥は汗をかくことができないので、足とくちばしから常に放熱しているのです。

放熱部分である足が私たちに止まったときに、その温度を直に感じ取ることができます。鳥類の平均的な体温は活動時は約41・2度、休息時は約38・5度です。文鳥もほぼこれに近い体温と考えられます。

特に飛んできた文鳥が指先に止まったときに、そのあたたかさを感じることが多いのではないでしょうか。飛ぶ際は、文鳥は全身のエネルギーを燃やして運動をしています。活発に運動しているときの鳥の体温は、約43・8度まで上がります。

Column

寒いときは片足をしまう

羽毛が生えていない足は、体の熱を逃がす役割を担っています。ところが寒すぎると、逃したくない熱まで足先から逃げていってしまいます。そんなとき、文鳥は片足をすっと羽毛の中にしまい込みます。大事な放熱器官をしまうことで体温を維持しているのです。

ヒナのヒミツ

小さな命の姿

ツンツンとした羽、
透けて見えるピンク色の肌。
おとなの文鳥からは想像もつかない
不思議な不思議なヒナの姿。
毎日たくさんごはんを食べて、ゆっくり寝て。
これからどんな文鳥になるのかな。

ごはんを勝ちとるためのヒダ

鳥類のヒナはほとんど羽が生え揃っていないつるつるの状態で生まれてきます。モフモフの羽に包まれた親鳥とは似ても似つかぬ姿ですが、親鳥は我が子のためにせっせとごはんを運び、与えます。

ヒナにごはんを与えるときに重要な役割を持つのが、くちばしの口角のヒダ（ゲイプ・フランジ）です。暗い巣の中でも、紫外線が当たって親鳥の目によく見えるようになっていると言われています。人には紫外線が見えないのでどうはっきり見えているのかはわかりませんが……。文鳥は視覚と聴覚で相手を認識するため、ヒナは口を大きくあけてヒダを目立たせ、よく鳴いて自分の存在を親鳥にアピールしているのです。とある鳥の研究では、ヒダが大きいヒナのほうが、きょうだいのなかで競争に勝ちやすいというデータがあります。

ヒナの体のヒミツ

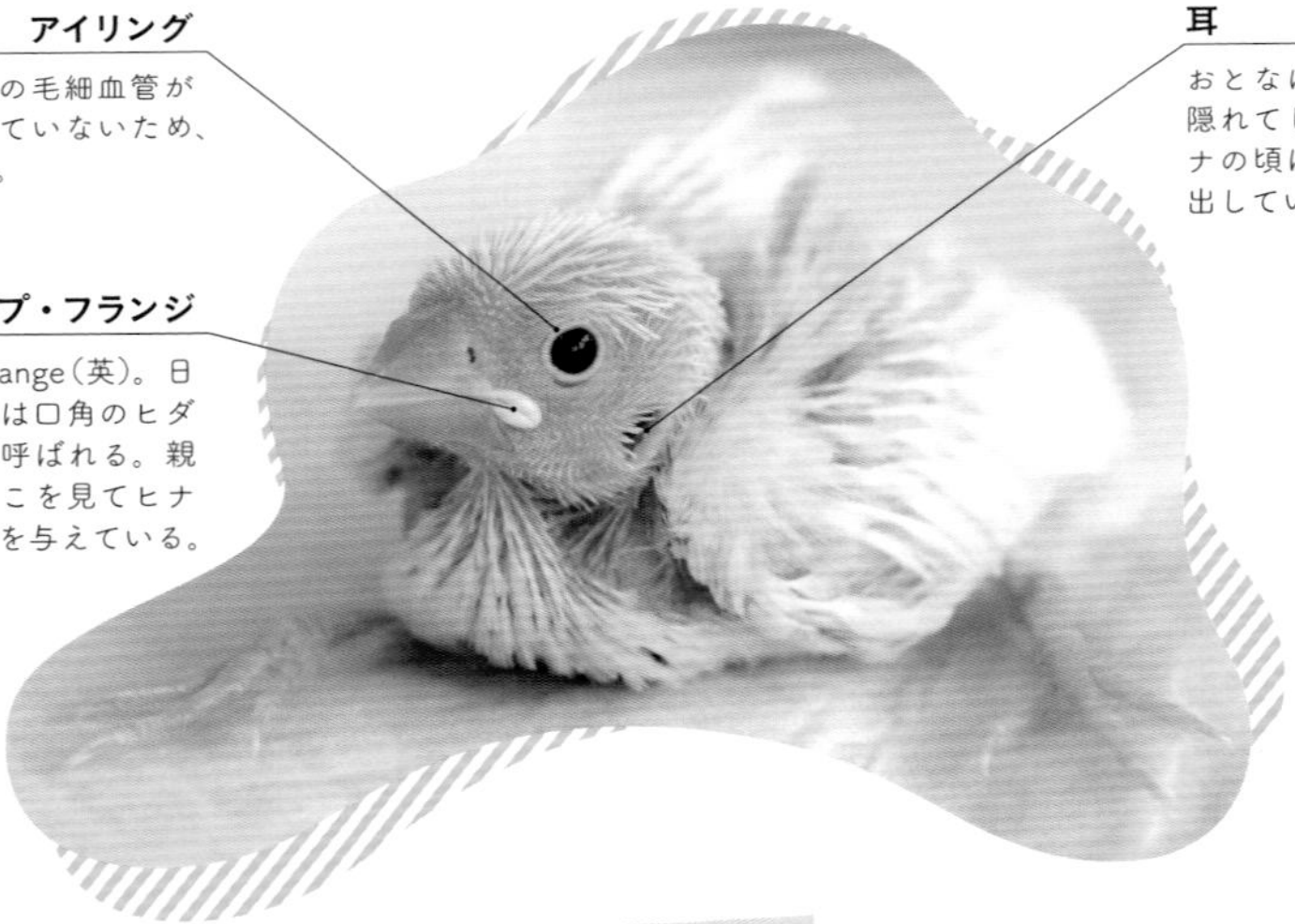
まだ体の毛細血管が発達していないため、真っ白。
ゲイプ・フランジ
gape flange（英）。日本語では口角のヒダなどと呼ばれる。親鳥はここを見てヒナにエサを与えている。
おとなになると羽で隠れてしまう耳もヒナの頃はこんなに露出している。

そ嚢《のう》

口と胃の間にある食道が広くなったもの。種子食の鳥はそ嚢が発達している。エサはそ嚢に貯まり、少しずつ胃へと流れていく仕組み。

ヒナ写真館

かわいいヒナの写真を
集めました♪

見えるものすべてに口をあけてごはんのおねだり。

シナモン文鳥のヒナ。目が赤く、羽もうっすらシナモンカラー。

挿し餌タイムは必死な顔！

たくさん食べたら眠くなってきたみたい。

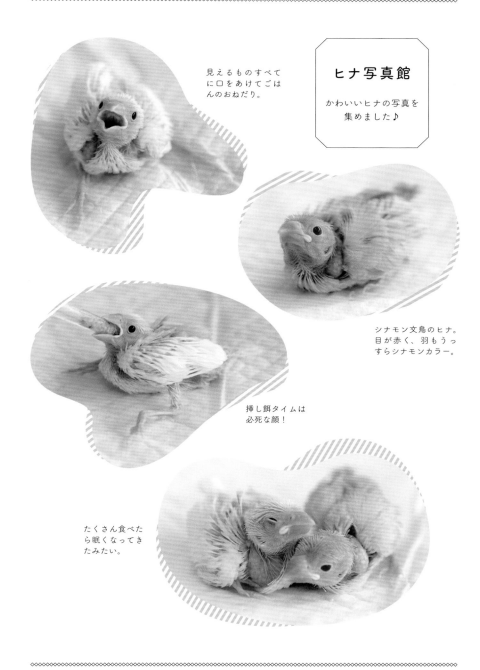

シニア鳥のヒミツ

やさしい時間が流れる文鳥の静かな晩年

若い頃ほど羽はつやつやではなくなったけれど
開いた羽毛は
ひらひら舞うスカートのよう。
目も徐々に見えなくなっているのかもしれないけれど
好きなものは覚えているみたい。
ゆったりとした動きで
穏やかな時間を過ごすシニア文鳥たち。
ずっとずっと一緒にいようね。

文鳥たちは ゆっくりと歳をとる

人と同じく、文鳥も歳をとります。視力が弱くなり、体力も徐々に衰えていきます。目がほぼ見えなくなってもケージのレイアウトを覚えていることが多いため、生活にはあまり困りません。

老化すると血管の弾力性が低下するので、抹消の血流が低下します。このため、アイリングやくちばしの色が薄くなります（14ページ参照）。また、くちばしや脚鱗《きゃくりん》、爪を構成しているケラチンというタンパク質が減少します。くちばしや爪がガサガサになったり、くちばしが伸びすぎる、爪が尖らなくなる、脚のハバキが出るなどの見た目の変化が生じます。

鳥のメスには人のような閉経がありません。個体差はありますが、死ぬまで卵巣から女性ホルモンが出続けるため、10歳になっても卵ができることがあります。

シニア文鳥の特徴

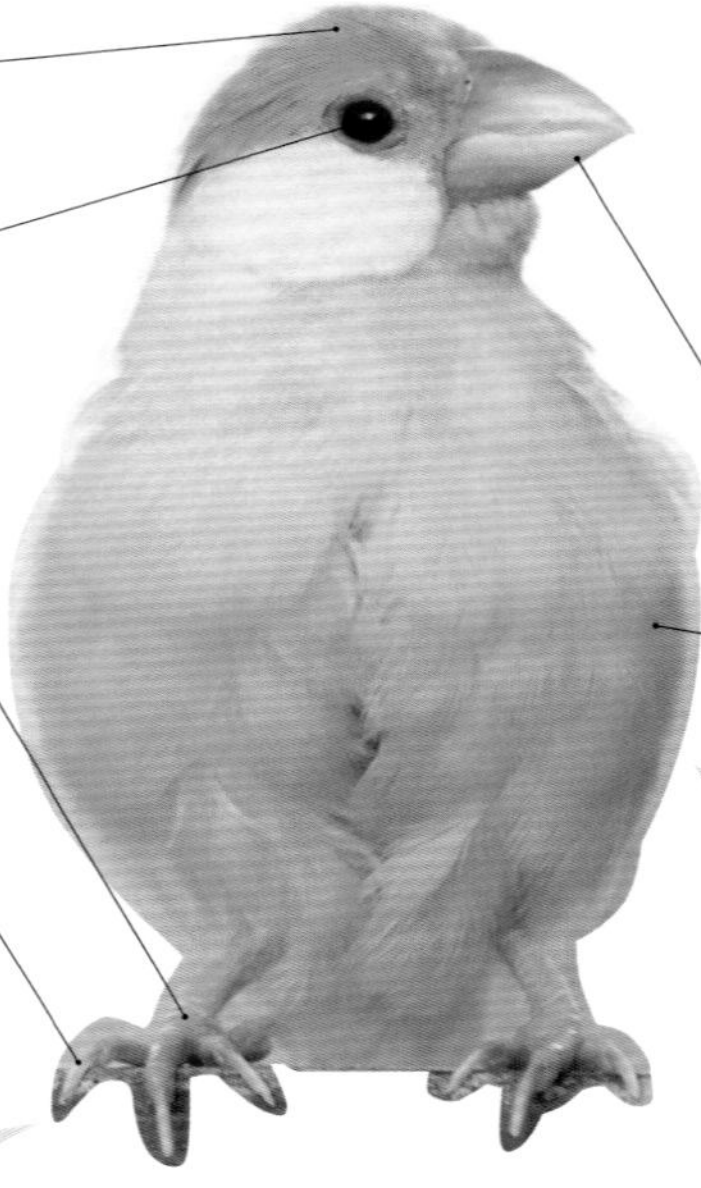
羽の色
若い頃と違う色合いになることも。
目
見えにくくなる。最終的に白内障になることも。
脚
色が薄くなる。ハバキが出る。
爪
先端が尖らなくなる。
くちばし
色が薄くなる。
羽
ツヤがなくなりボサボサになる。

シニアでしか見られないボサボサの羽

若い頃はどんなことをしても乱れなかった羽も、歳をとるとつやがなくなり、形も崩れてきます。でも、こんな羽が見られるのは文鳥の一生の中でシニア期ならでは。ふぞろいなボサボサの羽も愛おしく感じますね。

脚のハバキ

皮膚が硬くなった状態。古い角質が剥がれずに盛り上がって皮膚にくっついていることが多い。

歳をとっても科学的にかわいいまま!

アンチエイジングのヒミツ

鳥はおじさんにならない

「うちの文鳥って歳をとってもかわいい」と思っている飼い主さん、実は科学的に見てもそれはあながち間違いではないのです。

生物が歳をとる、すなわち老化する理由は、血液中のROS(活性酸素種)によって体が酸化し、細胞が損傷するためです。生き物は若いうちは体内に抗酸化物質がたくさんありますが、老化とともに減っていきます。ところが鳥類はシニアになっても人ほどシワシワの見た目にはなりません。鳥はおじさんにならず(中年がない)、急におじいさん(シニア)になるのです。

しかも、鳥類には「飛ぶ」というエネルギー消費の高い動きがあります。エネルギーを多く使うとROSがたくさん発生して、細胞を損傷されやすくなり、体の酸化を促進させることにつながります。しかし、鳥の体にはそれにも負けない酸化防御のシステムが備わっているのです。

若さのヒミツは尿酸

老化を防ぐ一番の要因と考えられているのが尿酸です。尿酸は強力な抗酸化物質です。鳥は体内に必要な量の尿酸を維持する能力があるので、若さを保つことができます。しかし、肝臓が悪くなると体内で尿酸が作れなくなり、老化が進みやすくなります。また、タンパク質が不足した食生活を続けていたり、肥満体だと尿酸値が下がって長生きが難しくなります。ただし、腎臓が悪くなり尿酸値が高くなると、内臓の痛風になってしまいます。

アンチエイジングに良いのは青菜

青菜には抗酸化物質のβカロテンが豊富に含まれています。βカロテンはビタミンAが不足すると、なんとビタミンAになります。

心のヒミツ

どんなことを考えているの？

違う生き物どうしだけど
同じ時間を過ごすうちに
わかりあえることが増えてきた気がするみたい。
文鳥は、いつも何かを伝えようとしてくれている、
そう思うのは間違いではないのかも。
これからも、よろしくね。

心って何？

心は実体がない概念的なものなので、その存在を証明することはできません。しかし誰もが、心の存在を感じています。心が傷ついたときに、私たちは「心が痛い」と表現します。実際に傷ついた心を目で見ることはできないのに、悲しみとしての痛みを感じます。そして、「この人は心が温かい」と表現するように、他人の心の存在も同じように感じることができます。そして他人とも、目に見えない心どうしを通じ合わせることができます。

鳥にも人と同じような心がある

では、鳥にも心があるのでしょうか？これといった確証が見つかったわけではありませんが、動物にも何がしか心のようなものがあるというのは、多くの動物学者が認めています。

根拠のひとつは人と同様に目、鼻、耳といった感覚器官を持ち、神経構造も人と似ているということです。もう一つの根拠は、振る舞いが人と似ている点にあります。

鳥と人の非言語はとてもよく似ています。動物は言葉を持ちませんが、その振る舞いから私たちに類似した欲求や感情があり、動物自身も心の存在を感じているのではないかと類推することができます。そして、同じように心を持った生き物どうしである人と鳥は、互いに心を通じ合わせることができると考えても不思議ではありません。もちろん鳥の方からも、私たちと心が通じていると感じていることでしょう。種は違えども、私たちは理解しあえる同じ地球の仲間なのです。

文鳥の心を理解するには

ではどうすれば文鳥の心をもっと理解することができるのかを解説していきましょ

う。

人の心は、言葉、欲求、感情の3つの要素からできているといわれています。私たちは言葉で思考し、欲求や感情を状況に合わせて抑え込みながら生活しています。そのため、本当の自分を隠したり、言葉だけの表面的なコミュニケーションに慣れてしまっています。例えば本当は大丈夫じゃないのに、「大丈夫」と言うときもありますよね。そうした言葉を鵜呑みにしてばかりだと、相手の心や本当の感情が見えなくなるときがあります。もし、大丈夫と言っているその表情が曇っていたり、いつもと違う様子であれば、そこに本当の心が隠されているのです。

文鳥と人の間には共通の言葉がないので、文鳥の心は欲求と感情から探るしかありません。けれど、文鳥は人と違って、幸いにも状況に合わせて自分を隠したりすることはほとんどありません。文鳥の心は素直な非言語で表現されます。楽しいときは体を振るわせたり飛び跳ね、怒っているときはキャルルと唸って攻撃しようとします。そして寄り添って欲しいときは、頭を下げてなでてほしがったりします。しかしさらに理解するためには、表面的な行動だけでなく、いったいどうしてそのような非言語を表現しているかを理解する必要があります。

そのためには、「闘争・逃走反応」と「文鳥の習性」について知っておく必要があります。

習性を知って心を見つめる

「闘争・逃走反応」とは、動物が恐怖や嫌悪に対して行う反応のことで、差し迫った危機的状況において、戦うか逃げるか、身動きを止めるか、いずれかの反応が出ることです。分かりやすい例でいうと、『風の谷のナウシカ』で、ナウシカがキツネリスのテトに指を噛まれたときに「ほらね、怖くない。怯えていただけなんだよね」と言

うシーンがあります。テトの非言語は「怒っている」ですが、実際には怯えていて、恐怖や嫌悪から闘争反応が出ていたのです。この怒っているような非言語は、日常的に文鳥によく見られる行動です。いったい何が怖かったり、嫌だったりするのでしょうか？ それを理解するには文鳥の習性を知っておくことが助けになります。

文鳥は、ナワバリを持つ鳥です。自分のナワバリとしている場所に手を出されたり、見慣れないものがあると嫌がって攻撃します。そして文鳥は、一夫一婦制です。そのため自分のペアだと思っている人間と一緒にいるときに、他の人や文鳥が近づくと嫌がって攻撃したりします。

また文鳥は、繁殖期以外は群れで生活しています。群れは鳥にとっては非常に重要なコミュニティであり、安全を得られる場所です。飼われている文鳥は、人間の家族が群れの仲間です。ですから帰宅すると喜んで、いち早く挨拶をしたがります。そして群れの中で弱っている個体がいると、そっと寄り添います。弱っているときは、誰かがそばにいると心強いことを知っているのです。ですから飼い主さんが疲れていたり、病気で弱っているときには、群れの一員としてそばに寄り添ってくれるのです。それはただそばにいるだけではなく、「あなたを愛しています」のサインといっても過言ではありません。

このように文鳥にも心があり、たくさんのやりたいことや想いがあります。それを感じて、より良いパートナーシップを築いてくださいね。

文鳥のヒミツ Q＆A

ふだんの暮らしの中で気になる、文鳥のしぐさや体のヒミツをＱ＆Ａ形式で紹介します。

Q シンクロするのはなぜ？

Answer

同じ感情が出ていると考えられます

文鳥特有の非言語は共通で、個体差はほとんどありません。非言語とは、驚いたとき、怒ったとき、怖いとき、なんだろうと思ったときなど、感情によって出る体の動きのことです。鳥の非言語は人とよく似ています。鳥の動きをよく観察することで、鳥がどんな感情なのかが私たち人にも理解できるのです。

同時に2羽が同じ行動をしている場合は、そのときに同じ感情が出たのだと考えられます。一緒の感情が出るということは、それだけ気が合うことの表れかもしれませんね。

Q 頭、かゆいの？

Answer
本当は誰かにかいてほしいのかも

頭は自分ではなかなか羽づくろいできない場所。頭がかゆい場合、本来ならば群れの誰かにかいてもらいます。1羽飼いの場合は飼い主さんにかいてもらうか、ブランコやおもちゃなどの道具を使ったり、写真のような狭いところにはさまったりすることがあるようです。同居している鳥がいるのにこうした行動をする場合は、もしかしたら内向的な性格なのかも。でも、このスタイルがこの子にとってはベストなのかもしれません。

Q これってどんな気分？

Answer
リラックスor気になるもの発見！

羽の動きは10ページで説明した通り、温度や感情と密接に関わっています。頭の羽毛だけがもわっと立っているのは、何かを見て驚いている可能性があります。リラックスしているときにこうなることもあるようです。

Q ささくれを食べるんですが…。

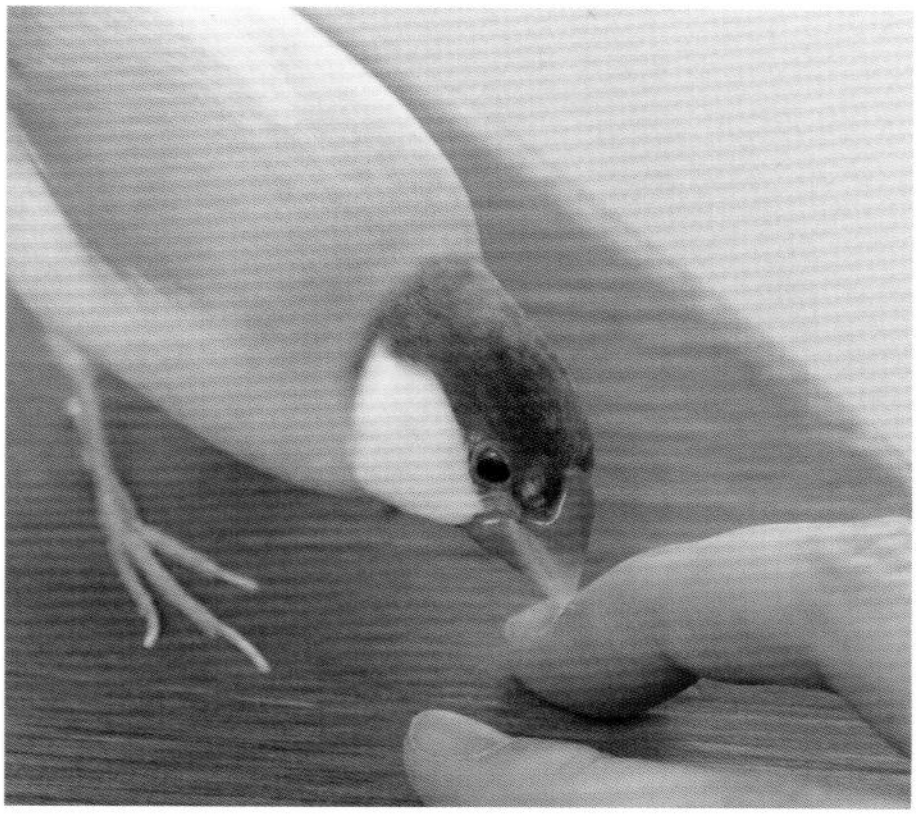

Answer

羽づくろいしてくれています

「人の皮膚を好んで食べるのは栄養が足りないから？」と飼い主さんの間でささやかれている、ささくれ問題。はっきりとした原因はわかりませんが、おそらく文鳥としては羽づくろいの一環としてやっているのだと考えられます。「何か飛び出てるからとってあげるよ」といったところでしょうか。文鳥は、自分にできたカサブタなども器用にとってしまうことがあります。人のささくれやカサブタも、羽を整える感覚でとりたくなってしまうのかもしれません。

Q どんなときにあくびをするの？

Answer

2つの意味があります

あくびには、気が抜けてリラックスしているから出てしまうものと、あくびをすることで自分の緊張をほぐそうとする緩和作用がある2種類のものがあります。短い時間にずっとあくびをするのはストレスサインの可能性もあります。

Q 口の中ってどうなってるの？

Answer 種子を食べやすい構造です

文鳥の舌は、上の写真の通り、人とは違った構造をしています。これは文鳥だけではなく、種子を食べるスズメ目の鳥たちに共通している形状です。

舌は前後によく動く仕組みになっています。この前後の動きで、ついばんだ種子をスムーズに口内に送り込みます。鳥は歯がないため、種子をほぼ丸飲みにします。

一瞬の動作ですが、舌のくぼんだところに種子を入れ、人の歯茎のように見える、上あごにある口蓋《こうがい》に沿って奥へと運び、飲み込んでいます。

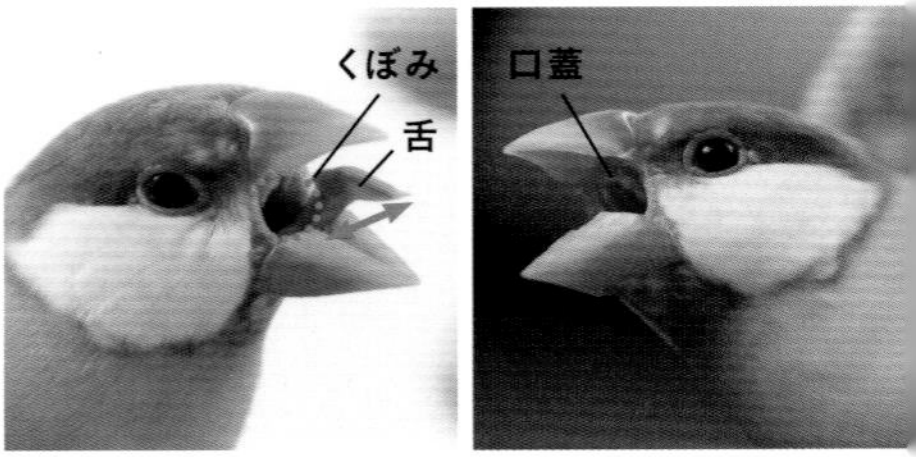

止まり木コラム

文鳥好きのための特別なお店

文鳥好きなら一度は利用してみたい、
すてきなお店を集めました。
どの店主も文鳥が大好きな方ばかり。
文鳥が運ぶ、すてきなご縁に触れてみて。

さえずりを聞きながら
幸せコーヒータイム

kotori_koohiiten / #1

ことり珈琲店

1. 気さくな店主の中村さん。 2. 店内ではいろんな作家さんのことりグッズを販売しています。 3.手作りの北欧風シナモンロール。 4. ケージ内のヴァルちゃんと銀ちゃん。直接のふれあいはできません。そっと見守ってくださいね。

文鳥に会える すてきなカフェ

磨り硝子の引き戸を開けると、コーヒーのいい匂い。さらに心地よいBGMが流れている……と思ったら、本物の文鳥が2羽、ケージの中から鳴いています。

文鳥に出会えるカフェ、ことり珈琲店。店主の中村さんが作る北欧のお菓子やパン、淹れたてのコーヒーが楽しめる特別な空間です。築50年のお店をリフォームした店内には、粋な大工さんの取り計らいで生まれた、鳥かごをモチーフにしたアーチのデザインが光ります。

店内のケージには、白文鳥のヴァルちゃんとシルバー文鳥の銀ちゃんがいます。ヴァルちゃんはおっとりとした性格で、まるで女優さんのような美白文鳥。銀ちゃんは好奇心いっぱいで、ちょっとおどけたしぐさがかわいい芸人さんタイプ。対照的な性格の2羽ですが、どんなときも一緒です。

5. ショップカードの前で。２羽とも中村さんの指が大好き。人に対して噛んだりケンカをすることもないそう。 6. お店の外にある看板。白文鳥のヴァルちゃんのような真っ白な壁。

お店は朝、２羽の放鳥からスタートします。中村さんがシナモンロールの生地を巻く時間になると、決まって自らケージに帰って行くんだとか。営業時間中はケージ内でお昼寝したり、仲良く過ごす2羽。お店を閉める時間が近づくと、２回目の放鳥タイムを察知してそわそわしはじめるそう。「文鳥たちはお店のことを全部わかっているみたい」と中村さんも笑顔がこぼれます。訪れるだけで元気がもらえる、やさしい空間のお店です。

DATA

東京都世田谷区深沢１-12-3 ハクガ荘1F
http://kotoricoffee.com
kotori_koohiiten
※営業日・時間はWEBサイトやSNSでご確認ください。

なんでも教えてくれる心強いブリーダー

hanabusa_do / #2

はなぶさ堂

2

3

1

1. ごはんタイムはいろんな鳥が大集合。一度は体験したい、夢のような空間。 2. シニア文鳥も間近で見ることができます。 3. 堂主の手の中で幸せそう。

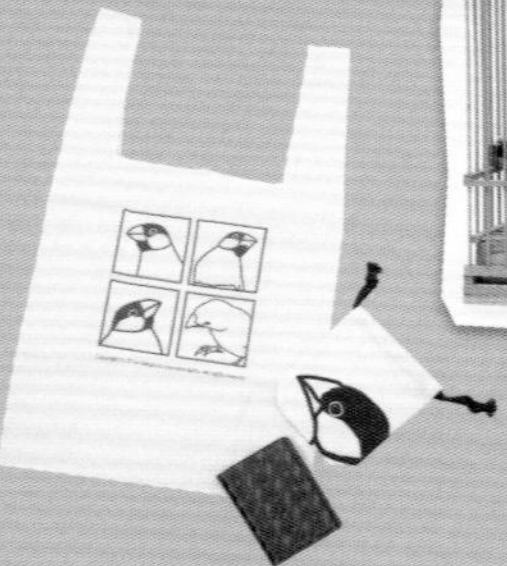

栃木県の益子町で作られている竹かご。はなぶさ堂の鳥たちはすべて竹かごで育ちます。タイミングが合えば購入も可能。はなぶさ堂オリジナルの文鳥グッズも充実しています。

DATA

埼玉県川越市岸町1-22-43
http://hanabusado.sakura.ne.jp
hanabusa.do
※完全予約制の自宅開放型ことりサロンです。詳細はWEBサイトやSNSをご確認ください。

小鳥たちの楽園

川越でブリーダーを営む「はなぶさ堂」。予約制の「小鳥茶会」では、約13ものつがいの文鳥のほか、フィンチ好きにはたまらないキンカチョウやコキンチョウに、インコやチャボも。いろんな鳥のありのままの姿に出会えます。「文鳥は人との距離感がちょうどいいところが好きですね。あまりベタベタしていない性格が心地いい」と、堂主さん。

昔ながらの小鳥屋さんの知恵を引き継ぎつつ、獣医さんと定期的に意見交換をし、より健康な文鳥の育て方を日々研究しているブリーダーさんです。

「文鳥はまだペットとして軽んじられているという印象も受けます。大事な家族を迎えるという気持ちを忘れないでほしい」

大事に育てられた文鳥たち。はなぶさ堂さんの鳥たちはのびのびとした性格で、幸せそうです。

よりよい文鳥の暮らしを追求する
ホヨヨボールのお店

KiriToriSen / #3

KiriToriSen

2

1

1. ホヨヨボールを編むところを見るこむぎちゃん。　2. 出荷を待つホヨヨボール。ヒナが生まれる時期は特に受注がたくさん入ります。　3. 撮影用に製作していたホヨヨボールの紐をひっぱっていたずら中。
※実際の製作時には放鳥していません。

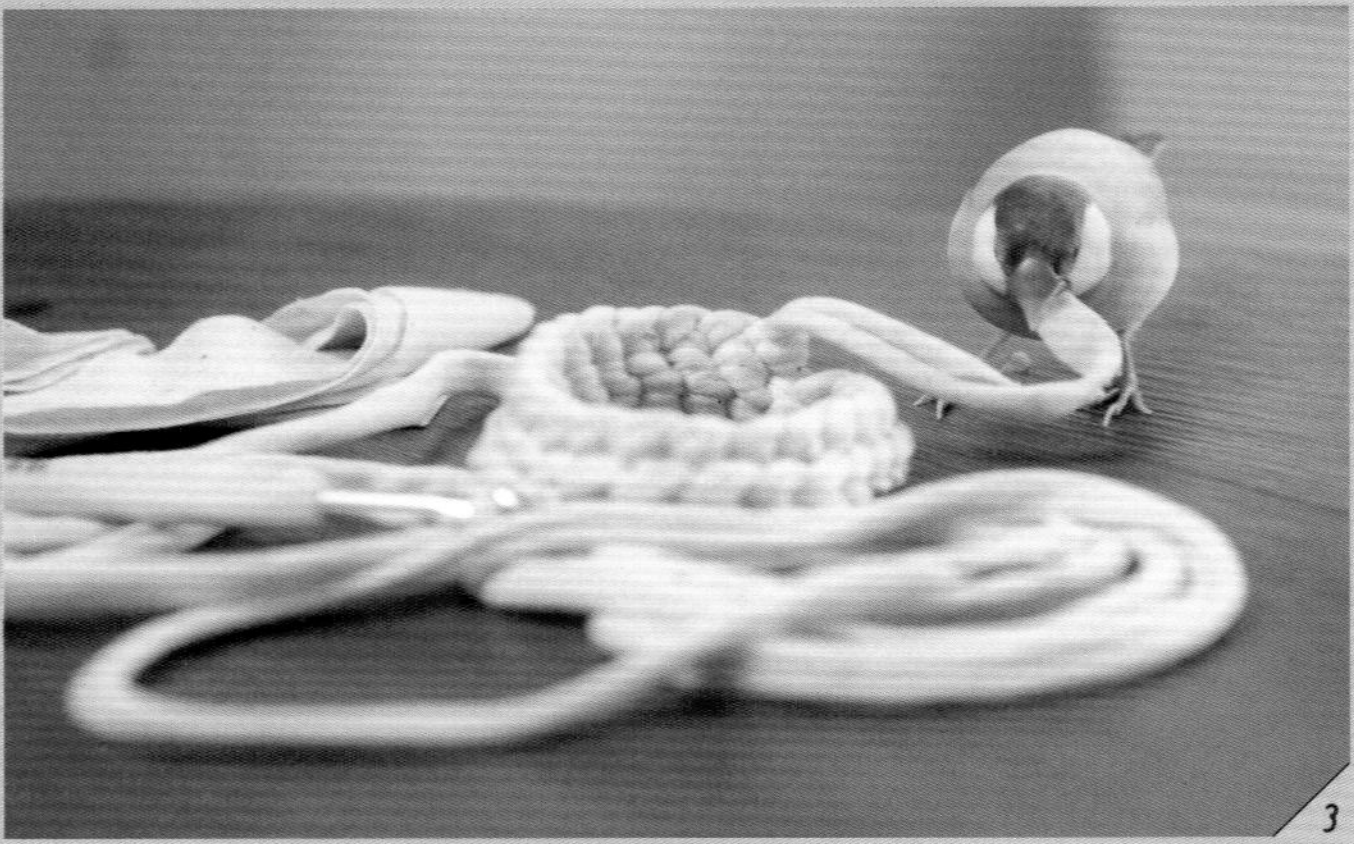

3

文鳥好きによる 文鳥のためのグッズたち

文鳥飼いさんの間で人気のホヨヨボールを知っていますか？　ホヨヨボールはコットンニットを切り裂いてひも状にし、一目一目、ていねいに人の手で編み上げたもの。ケージの中に吊るすと、止まり木にしたりブランコにしたり…と文鳥たちがうれしそうに過ごしてくれます。

ホヨヨボールの製作者、KiriToriSenさんのご自宅でお話をうかがいました。

ホヨヨボールはもともと、体が弱い文鳥のこむぎちゃんのために作られたもの。脚力が弱いので止まり木にも止まるのが難しい状態だったとか。インコ用のバードテントを試したものの、テントにフンがたまってしまいます。そんな悩みを自ら解決しようと試行錯誤のうえ生み出されたのが、ホヨヨボール。

文鳥の細い脚にひっかからない素材探し

4. シナモン文鳥のこむぎちゃん。物怖じしない性格で、どんな人・文鳥とも仲良し。　*5.* シルバー文鳥のこさじちゃん。クールな性格で、一羽でたたずむのが好き。　*6.* 文鳥たちのケージと台はイタリアのFerplast社製。文鳥たちの過ごす空間は吹き抜けなので、思いっきり飛べて楽しそう。

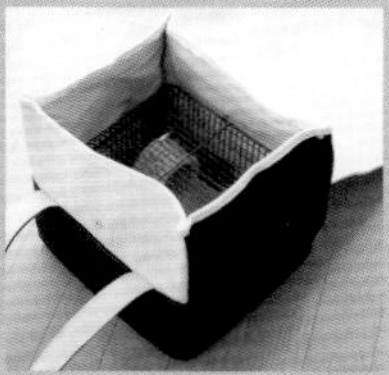

外出用ケージがちょうど入る大きさのキャリーバッグ。サイズは３種類。

DATA

http://kiri-tori-sen.com
kiri_tori_sen_

からはじまり、文鳥のフンがつかないこの形状にたどり着いたのだとか。完成にいたるまで、自宅の文鳥たちだけでなく、実家やお友達の文鳥にも試作品を使ってもらったそうです。こむぎちゃんは、脚のリハビリをがんばったおかげで、今では体力・脚力とも万全で、元気に過ごしています。

　ホヨヨボールのほかにも、さまざまな小鳥用グッズを販売中。製品化を実現するためには、工場探しからスタートし、試作も納得がいくまで繰り返すという安心のクオリティです。

「文鳥のためのグッズはまだまだ少ないと感じています。シニア用や保湿対策グッズなど、さまざまなことにチャレンジしたいですね」と、KiriToriSenさん。

　今後の活動からも目が離せません。

Special Thanks

撮影協力

撮影に協力してくれた文鳥さんたちを紹介します。

チッチ♂　コロン♀

ヒナ♂

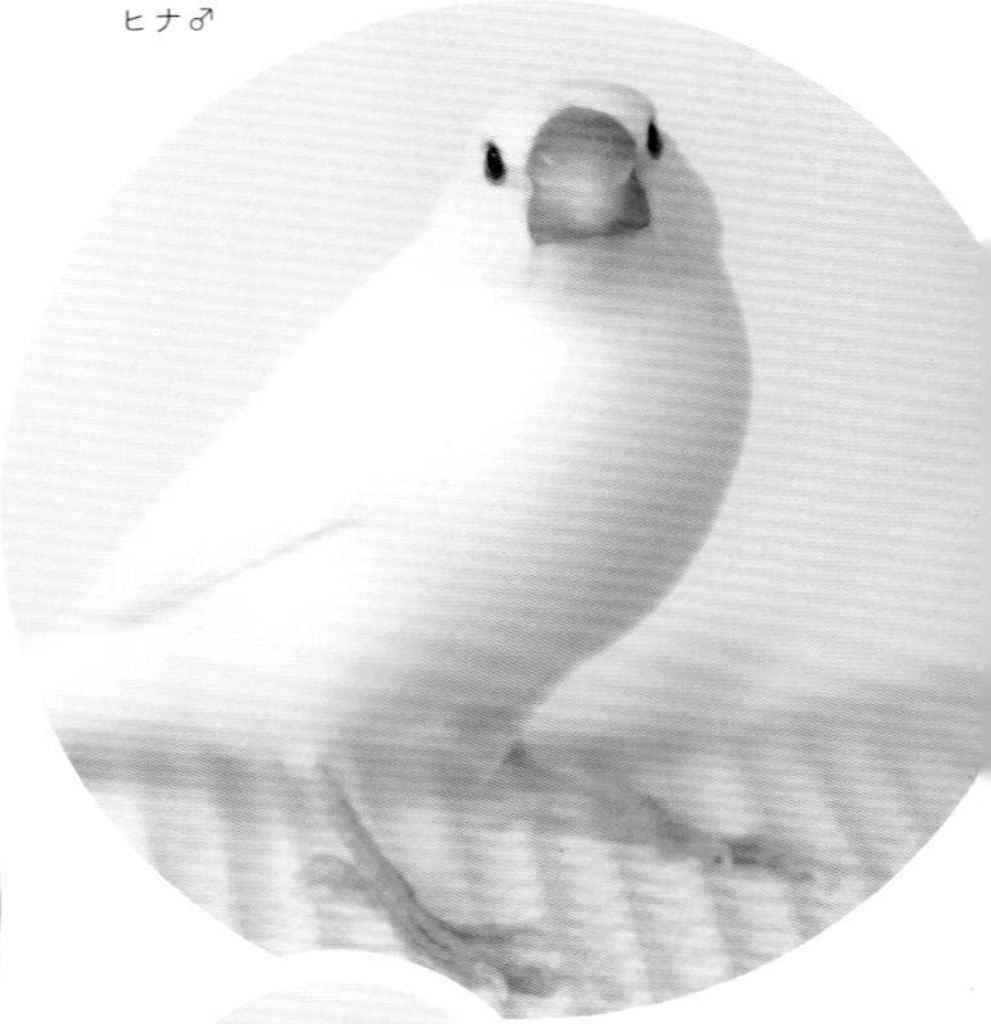

プリン♀　マロン♂

うに♂

シナモン♀

パイン♀

カレン♀

ミニオン♂

ことり珈琲店　／　はなぶさ堂　／　KiriToriSen

NPO法人 小鳥レスキュー会
http://kotori99.org

ペットのデパート東葛
http://www.toukatu-pet.jp

Birds' Grooming Shop
https://www.birdsgrooming-shop.com

株式会社黒瀬ペットフード
http://www.kurose-pf.co.jp

2章

暮らしのヒミツ

ごはんや栄養、
飼育環境のことから、メスの発情対策まで。
気になる暮らしとお世話のヒミツに迫ります。

文鳥と暮らすということ

文鳥の正しい飼い方とは？

文鳥の飼い方の正しさとは何なのでしょうか？　文鳥本来の環境や食事を理想とするのであれば、野生での生活を参考にするのが最も近道のように思えます。しかし野生での環境や食事を再現するのは至難の業です。

文鳥は、インドネシア原産です。インドネシアのジャカルタは、年間平均気温が29℃。常夏の印象ですが、最も暑い10月の最高気温は32℃で、東京のように35℃を超えるような猛暑日になることはありません。最低気温は年間を通しても23℃です。そして年間平均湿度は80％もあります。雨季は11月〜3月、乾季は4月〜10月で日照時間が若干短くなります。また草地や開放林、マングローブ、水田・トウモロコシ畑・サトウキビ畑などの耕作地といった生息環境、飛び回れる広大な広さ、群れでの生活など、野生と同じ環境を日本の家庭で作ることは不可能と言えるのではないでしょうか。

飼育下の文鳥にとってのよりよい暮らしを目指して

そして野生では、草の種子、果物、米、トウモロコシ、小さな昆虫などを食べていますが、飼育下で同じものを揃えるのは困難です。野生での生活が理想とするならば、今の文鳥の飼育方法は、間違いだらけになってしまいます。そこで、この本で説明する正しさというのは、「人の環境下で飼育するに当たって、文鳥のストレスを軽減して、健やかに暮らし、長生きできる」と定義して説明していきます。

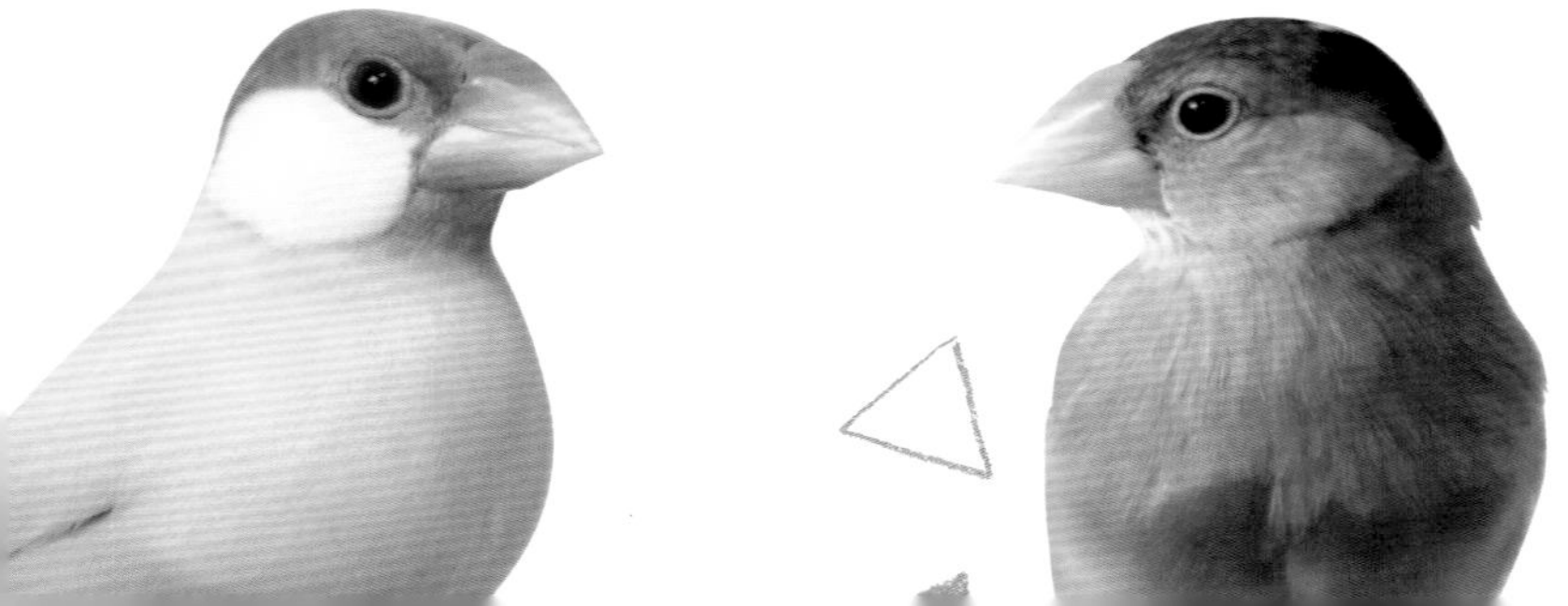

ただし情報というのは常に新しくなるものです。情報のアップデートは常に取り入れることを忘れないでください。

視点の違いによる飼い方の揺らぎ

文鳥の飼い方を考える際に生物としての特徴や習性はとても重要なものになります。しかし文鳥の視点で飼い方を見ると、時に制限が多くなりがちです。

たとえば発情を抑えるためには、食事制限を行い、発情対象や巣材になるものは取り上げられます。また睡眠時間を守るためには、まだ起きていたくてもケージに入れられ、カバーを掛けられ、人が見えなくなってしまいます。生物としての生活や習性を考えれば、正しい飼い方かもしれません。しかしこの飼い方で文鳥たちは幸せなのでしょうか？　鳥の人生という視点で見た際に、制限のかかった生活で幸せに暮らせるでしょうか？　もっとおなかいっぱいに食べたいはずですし、お気に入りの物や巣材を取り上げられたくないはずです。人が起きているなら、もっと起きていたいはずです。しかしやりたいことをそのままやらせてしまえば、肥満や産卵など健康に影響が出てきてしまいます。

文鳥のストレスを重視しつつ柔軟な飼い方を

このように文鳥を生物として見た「人の視点」と文鳥自身の生活を「文鳥の視点」で見た際に、どちらが良いのかという揺らぎが出てきます。この揺らぎで悩まれている飼い主さんが多いように感じます。そこで提案したいのは、できる限り生物としての特徴や習性に合った飼い方を行い、文鳥に強くストレスがかかる部分は文鳥の個体差に合わせて少し緩める、という飼い方です。緩めてしまうことで健康に影響が出る場合、特に発情に関する部分はお薬で抑える方法もあります。113ページを参考にしてください。

ごはんのヒミツ

バランスの良い栄養摂取が長生きにつながる

　文鳥の野生での主食は草の種や米、トウモロコシなどのため、シードのみのごはんでも良いように思えます。しかし野生の鳥は、未成熟のシードや果物、虫などを食べてバランスを取っています。また、鳥は咀嚼せずに餌を丸飲みし、それを筋胃ですり潰すことで硬いシードを消化しています。この硬さは体にとってかなりの負担です。長生きを考えた場合、この胃の負担は軽減しておかなければなりません。実際にシード食の文鳥の胃障害は加齢とともに増えていきます。野生の文鳥もシード食ですが、飼い鳥ほど長生きしません。正確なデータはありませんが、野鳥の寿命は、飼い鳥の2〜3分の1と言われています。シード食で長生きできる体の構造を持っていない可能性があるのです。栄養のバランスが良く、胃の負担を軽減させることができるのがペレットなのです。

　シードが主食の場合は、必ず青菜やビタミン剤などで栄養を補う必要があります。

文鳥の食事いろいろ

シード

ヒエやアワなど、複数のシードを混ぜた「混合シード」が文鳥のごはんとして売られていることが多い。どんなシードが入っているかは、パッケージの成分表で必ず確認を！

近年では、キヌアやアマランサスなど、スーパーフードと呼ばれる栄養価の高いシードも注目を集めている。

詳細はp.82へ

野菜ほか

シードのみだとビタミン類が不足してしまうので、必ず副食として野菜を与えて。

詳細はp.100へ

ビタミン剤・カルシウム

ビタミンほか、必要な栄養素の補助として。粉末タイプで、水に溶かして与えるものが多い。

詳細はp.103へ

ペレット

必要な栄養素をすべてとじこめたフレーク状の総合栄養食。

詳細はp.86へ

栄養の教科書

文鳥の体を健康に保つために必要な栄養素を紹介します。

【タンパク質】

タンパク質は体をつくる栄養素です。タンパク質は20種類のアミノ酸で構成されており、特に飼い鳥には下記の9種の必須アミノ酸のほかにも、グリシン、ヒスチジンおよびプロリンが体内で不足しているため、食事で補う必要があると言われています。これはニワトリの研究をもとに提唱されているものです。

必須アミノ酸を補うことができるサプリメントは、乾燥酵母やネクトンＳ（Ｐ.１０３参照）がおすすめです。換羽期やメスの産卵時にはタンパク質を増やす必要があるので、これらの時期にはネクトンＢＩＯ（Ｐ.１０３参照）で補いましょう。

文鳥の食物中のタンパク質必要量：11〜12％

文鳥の体に必要な9種の必須アミノ酸

アルギニン／イソロイシン／ロイシン／リジン／メチオニン／フェニルアラニン／バリン／トリプトファン／トレオニン

※シード類では十分に補えない

【脂肪】

脂肪は体にエネルギー源を提供します。脂肪は、脂溶性ビタミンＡ、Ｄ、Ｅ、Ｋを体に取り入れる際に必要な物質（担体）です。特に細胞膜形成とホルモン合成に不可欠といわれています。鳥類で食事の必要性が明確に示されている唯一の必須脂肪酸はリノール酸で、これはシード類で補うことができます。

文鳥の食物中の脂肪必要量：4％

【ビタミン】

ビタミンは、生理作用を円滑に行うために必須な有機化合物です。シード類にはほとんどのビタミンが不足しているので、必ず補わなければなりません。ビタミンには、大きく分けて脂溶性ビタミンと水溶性ビタミンの2つがあります。

【脂溶性ビタミン】

ビタミンＡ

ビタミンＡは視覚、骨代謝、上皮組織の維持、繁殖率、免疫機能などに関与しています。青菜からビタミンＡを摂取する場合は、ビタミンＡ過剰症にはなりません。青菜にはβカロテンが豊富に含まれています。βカロテンはビタミンＡを作り出すために必要なもの（前駆体）であってビタミンＡそのものではありません。

ただし、ビタミンＡをレチノールというサプリメント類から摂取する場合は、容量が多すぎるとビタミンＡ過剰症になるので注意が必要です。

ビタミンＡが不足すると…視覚異常／骨代謝異常／上皮の異常／粘膜の角質化／繁殖率の低下／免疫機能低下／感染症への感受性の増加など

ビタミンＡを摂取しすぎると…

上皮障害／扁平上皮細胞の角化亢進／ストレス性発声の増加／鉄貯蔵病／膵臓炎／繁殖率の低下

ビタミンD

ビタミンDはカルシウム代謝にかかわり、骨の健康を維持する働きがあります。文鳥は主に尾脂腺の分泌物からビタミンDを摂取しています。

尾脂腺の分泌物にはビタミンD前駆体が含まれており、これに紫外線が当たると活性型ビタミンDとなります。食物からも摂取されますが、シード類や青菜にはビタミンDは含まれていません。十分な日光浴ができず、シード類を主食としている場合はビタミンDを補う必要があります。

ビタミンDが不足すると…

（成鳥の場合）慢性産卵による骨軟化症

（ヒナの場合）くる病／くちばしの軟化

ビタミンDを摂取しすぎると…

軟部組織の石灰化／腎不全

ビタミンE

ビタミンEは、抗酸化物質としての役割を持っており、活性酸素のフリーラジカルが上昇しすぎて細胞を傷つけることを防ぐ役割があります。シード類には、ビタミンEが必要量含まれており、文鳥でビタミンE欠乏症が起こることはほとんどありません。過剰摂取によって中毒症は起こりませんが、他の脂溶性ビタミン（A・D・K）の吸収を阻害します。

ビタミンK

ビタミンKは、血液の凝固や組織の石灰化に関与しています。

ビタミンKが不足すると…血液凝固障害（出血時間延長が起こる）

ビタミンKを摂取しすぎると…

尿細管変性

【水溶性ビタミン】

チアミン（ビタミンB_1）

チアミンは、ブドウ糖、脂肪、アミノ酸の代謝に関与しています。細菌により腸管内で合成されるため、通常は不足することはありません。しかし、ヒナの場合、挿し餌がアワのような炭水化物のみだとビタミンB_1欠乏症を引き起こします。

ビタミンB_1が不足すると…多発性神経炎を引き起こし、脚に力が入らなくなる

リボフラビン（ビタミンB_2）

リボフラビンは、脂質および糖質、タンパク質の代謝に関与しています。シード類には要求量に近い量が含まれていますが、植物のリボフラビンは吸収されにくい特徴があるので、ビタミン剤で補うのがおすすめです。

ビタミンB_2が不足すると…口内炎／口角炎

（ヒナの場合）趾曲り

ナイアシン

ナイアシンは、糖質および脂質、タンパク質の代謝に関与しています。

ナイアシンが不足すると…皮膚炎や舌／口腔の炎症／脚の湾曲

葉酸

葉酸は、アミノ酸の代謝やヌクレオチドの生合成に関与しています。

葉酸が不足すると…タンパク合成障害／細胞分裂障害／貧血／免疫性反応の低下

パントテン酸（ビタミンB_5）

パントテン酸は、炭水化物代謝、アミノ酸分解に必要なほか、脂肪酸の合成と分解、トリグリセリドとリン脂質の合成やステロイドホルモンなどの形成など、栄養を取り入れるのに関与しています。

ビタミンB_5が不足すると…成長遅延／羽毛形成不全／皮膚炎／代謝障害

ビタミンB_6

ビタミンB_6は、アミノ酸利用や脂質代謝に必要なものです。リノール酸やリノレン酸を体内に取り込むのにも関与しています。

ビタミンB_6が不足すると…食欲減退／発育遅延／痙攣発作／セロトニンやヒスタミンなどのホルモ

ンの産生ができなくなる

コリン

コリンは多くの食物に含まれている物質で（主にレシチンの形で存在する）、細胞の形成および維持、脂質の代謝に関与しています。

● **コリンが不足すると…**成長の低下／脂肪肝

ビタミンB_{12}

ビタミンB_{12}は、炭水化物、脂肪、タンパク質、核酸の合成に関与しています。

● **ビタミンB_{12}が不足すると…**タンパク合成障害／細胞分裂障害／貧血／神経障害／羽毛形成不全／筋胃びらん／心臓および肝臓、腎臓への脂肪蓄積

ビオチン

ビオチンはロイシン、ヒスチジンの代謝および脂肪酸の合成に関与しています。シード内の含有量は少ないため、腸内細菌によって合成されたものが主な供給源となっています。

● **ビオチンが不足すると…**成長遅延／羽毛形成不全／皮膚炎／代謝障害

ビタミンC（アスコルビン酸）

ビタミンCは、コラーゲン、カルニチン、カテコールアミン、ヒスタミン、ステロイド、脂肪酸の合成および薬物代謝に関与する物質で、抗酸化作用があります。鳥類のほとんどは、腎臓、肝臓またはその両方でビタミンCを合成することができますが、成長期や繁殖時にはビタミンCの必要要求量が上がるため、食事に加えることが推奨されています。

● **ビタミンCを摂取しすぎると…**鉄貯蔵病

【ミネラル】

ミネラルは、生体にとって欠かせない元素のことを指します。シード類では不足しているものも多いので、ほかのもので補う必要があります。ミネラルの補給には、カトルボーン、ボレー粉、ネクトンMSAなどがおすすめですが、過剰摂取には注意してください。ボレー粉は、胃の障害がある場合は負担がかかりすぎるので、使わないようにしましょう。

カルシウム

カルシウムは骨の構成をする主要な成分です。このほかにも、体液の構成成分であり、血液凝固や筋肉の収縮、神経の伝達などで重要な役割を持っています。飼い鳥の正確なカルシウムの維持要求量は分かっていませんが、飼料中0.3〜0.7%であることが示唆されています。シード類に含まれるカルシウムは0.03%未満のため、補う必要があります。

また、産卵時や成長期のカルシウム要求量は高くなります。

● **カルシウムが不足すると…**過産卵の雌に骨軟化症。卵殻形成異常（ヒナの場合）成長遅延／くる病

● **カルシウムを過剰に摂取しすぎると…**ほかのミネラルやビタミンの吸収を阻害する

リン

リンは骨の構成成分で、リン酸カルシウムとして存在します。そのほかにも、リン脂質として細胞膜を構成する成分でもあり、羽毛やくちばしも構成しています。またATP（アデノシン三リン酸）などの高エネルギーリン酸化合物を作り、エネルギーを貯える働きをします。リンは、シード類に必要量が含まれているため、不足することはほとんどありません。

ナトリウム

ナトリウムは、細胞外液の主要な陽イオンであり、浸透圧の維持に関与しています。食物中に不足すると、主に回腸から効率的に吸収されて節約されます。

● **ナトリウムが不足すると…**成長率の低下

● **ナトリウムを摂取しすぎると…**羽毛形成不全／多渇症／多尿症／脱水症／神経過敏／大量に摂取した場合は、死にいたることもある

マグネシウム

身体内のマグネシウムのほとんどは骨に含まれています。リン酸マグネシウムとしてカルシウムとともに存在しています。

●**マグネシウムが不足すると…**発育遅延／骨軟化症／卵殻形成不全／高血圧／動脈硬化

銅

銅は、ヘモグロビン合成、骨のコラーゲン、エラスチンおよびケラチン形成、神経系の維持に関与しています。銅は食物中に十分に含まれているため、通常不足はおこりません。

●**銅を摂取しすぎると…**肝臓に銅が蓄積し、重度の発育遅延や死亡を引き起こす

カリウム

カリウムは、細胞内液の主要な陽イオンであり、浸透圧の維持に関与しています。ほとんどの食物に含まれるため欠乏症を起こすことはありません。

塩素

塩素は、身体内で浸透圧と水バランスを維持するのに重要です。また胃酸の構成成分でもあります。食物中には塩化ナトリウムとして存在します。通常はほとんど不足が起こることはありません。

鉄

鉄は、ヘモグロビンの構成成分です。シード類で不足することはありません。慢性的な過剰摂取は、鉄貯蔵病を起こすことがあります。

マンガン

マンガンは、正常な骨を作るのに必須なものです。コンドロイチン硫酸合成にも関与しているため、関節の維持に欠かせません。

●**マンガンが不足すると…**薄殻卵や無殻卵の発生率が増加する

亜鉛

亜鉛は、組織修復および創傷治療、タンパク質および炭水化物代謝、細胞分裂、ムコ多糖形成、成長や繁殖に関与しています。亜鉛はシード類に含まれていますが、成長期に必要な量を満たすことはできません。

●**亜鉛が不足すると…**成長遅延／長骨の短縮／脚の皮膚炎／羽毛の脱色、擦り切れ

ヨード

ヨードは、甲状腺ホルモンの生合成に必須の微量元素です。甲状腺ホルモンは、細胞内のエネルギー代謝の調整を行うホルモンです。シード類には要求量を満たす量は含まれていません。

●**ヨードが不足すると…**甲状腺腫／甲状腺機能の低下

●**ヨードを摂取しすぎると…**甲状腺腫／甲状腺機能抑制

セレン

セレンは、グルタチオンペルオキシダーゼの構成要素です。この酵素は、酸化物を還元して分解除去を行っています。シード類に含まれているため、不足することはありません。

シードが主食の場合の栄養バランスのとり方

シードのみでは栄養が偏ってしまいます。下記の3点でしっかりと栄養を補いましょう。

◯**青菜**：ビタミン、ミネラルのほか、βカロテンを補える（100ページ参照）。
◯**サプリメント**：ネクトンSがおすすめ。ビタミンだけでなくヨードや必須アミノ酸も含まれている。換羽期はネクトンBIOを（103ページ参照）。
◯**カルシウム**：カトルボーン、ネクトンMSAなどがおすすめ（103ページ参照）。

シードのヒミツ

シードは必ず皮付きタイプを

野生では米のほか、種子類も多く食べているとされています。文鳥は、種子の皮をくちばしや口の中を使って器用に剥きます。皮を取り除いたムキ餌は品質が落ちやすいので、与えるときは必ず皮付きタイプのシードにしましょう。

また、皮を剥いて食べることは、文鳥にとってフォージングの一種であり、食事の楽しみとも考えられます。

市販品では、アワ、ヒエ、キビ、カナリーシードを混ぜた混合シードが一般的です。最近ではキヌアやアマランサス、フォニオパディなど、スーパーフードと呼ばれる栄養価の高いシードも注目されています。

どんなシードを与えるにせよ、食べ残しがないか、特定のシードだけ食べない傾向にないかなど、食べたあとも必ず確認をしましょう。

一般的なシード

アワ

Foxtail millet

イネ科エノコログサ属。低カロリーで炭水化物を多く含む。有史以前からアジア、ヨーロッパ、アフリカで栽培されてきた。

ヒエ

Japanese barnyard millet

イネ科ヒエ属。低カロリー、低脂肪。日本や中国、インドなどアジアを中心に栽培されてきた。

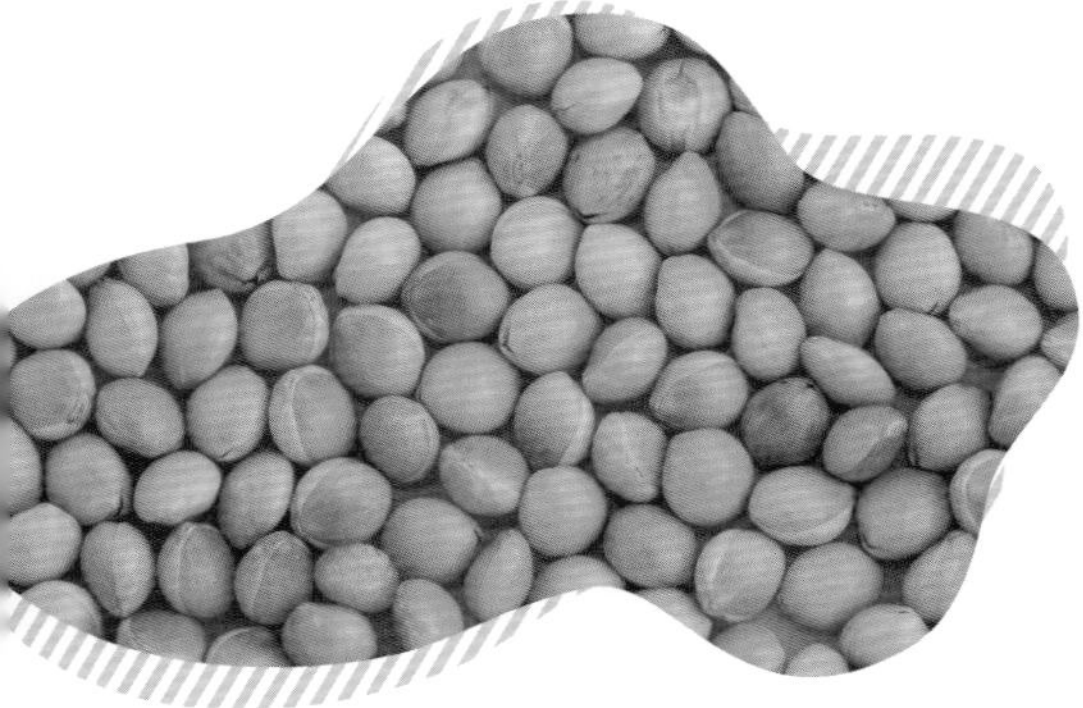

キビ

Proso millet

イネ科キビ属。栄養価はアワと似ているが、脂質が少なめ。ヨーロッパ、アジアで有史以前から栽培されてきた。

カナリーシード

Canary seed

イネ科クサヨシ属。タンパク質が多め。アフリカや地中海沿岸域原産で、名前の通りカナリアの飼育に用いられてきた。

いつものごはんに

プラスしたいシード

主食がシード・ペレットにかかわらず、
おやつとして最適な栄養価の高いシードです。
偏食や食べ過ぎによる肥満には要注意。

キヌア

Quinoa

ヒユ科アカザ属。タンパク質を多く含み、アミノ酸が豊富。南米のアンデス山脈で長年栽培されてきた。

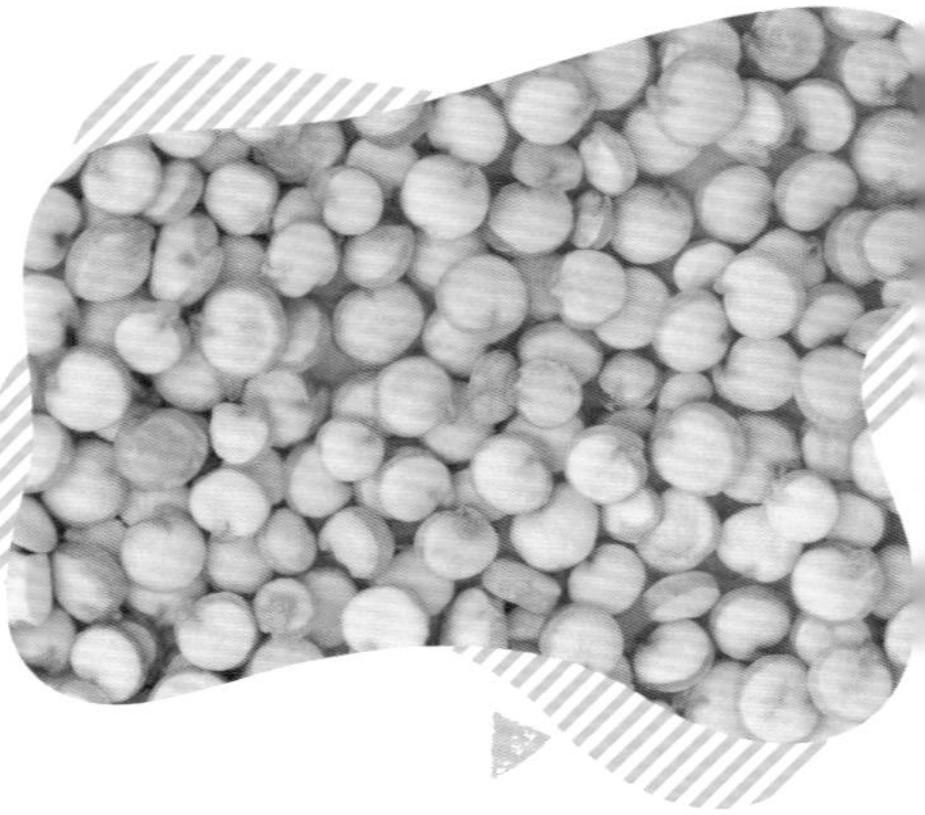

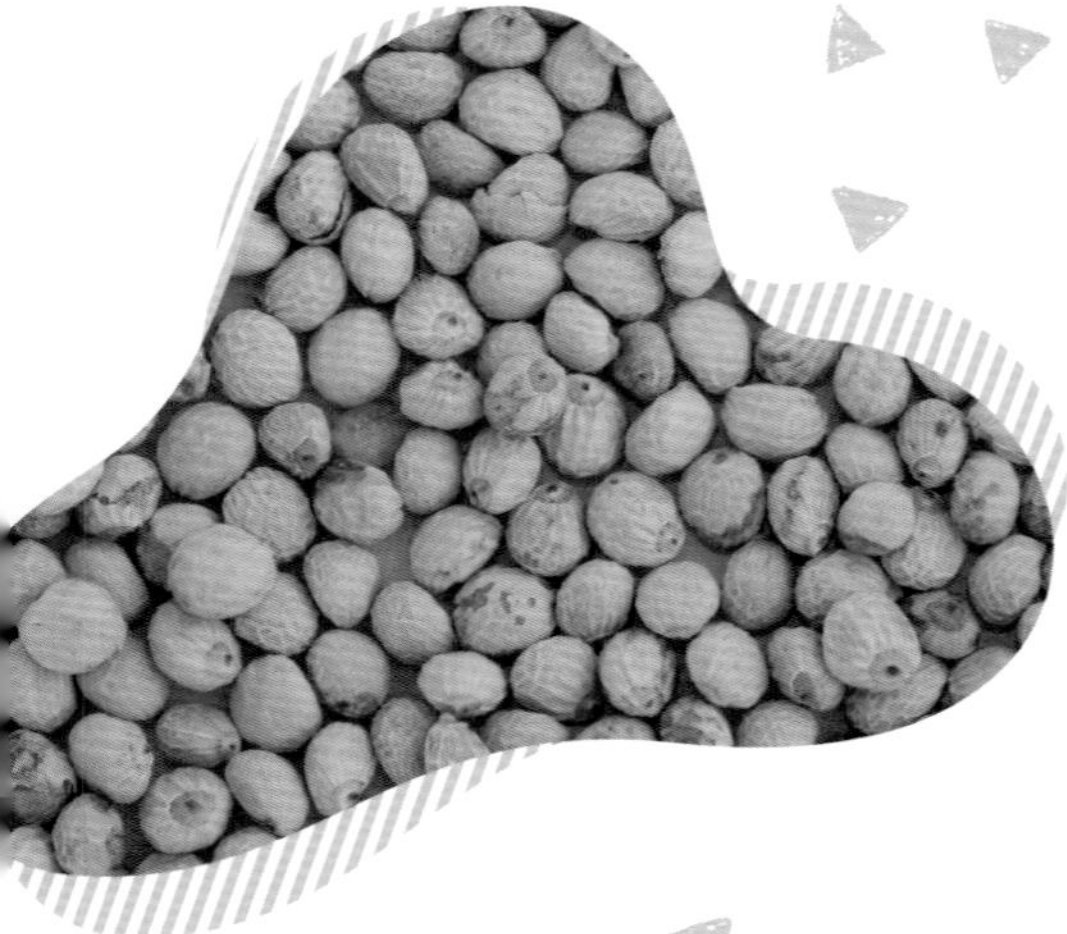

エゴマ

Perilla

シソ科シソ属。オメガ3脂肪酸のα–リノレン酸を多く含む。高カロリーのため、体重の1％を1日の最大量として与える。毎日ではなく、1週間に少量与えるのが目安。東南アジア原産。

フォニオパディ

Foniopaddy

イネ科メヒシバ属。アミノ酸、タンパク質、各種ビタミン、ミネラルを多く含む。アフリカで栽培されてきた。

エンバク

Oat

イネ科カラスムギ属。タンパク質、カルシウムを多く含む。地中海沿岸、中央アジア原産。嗜好性が高いのであげすぎには注意。

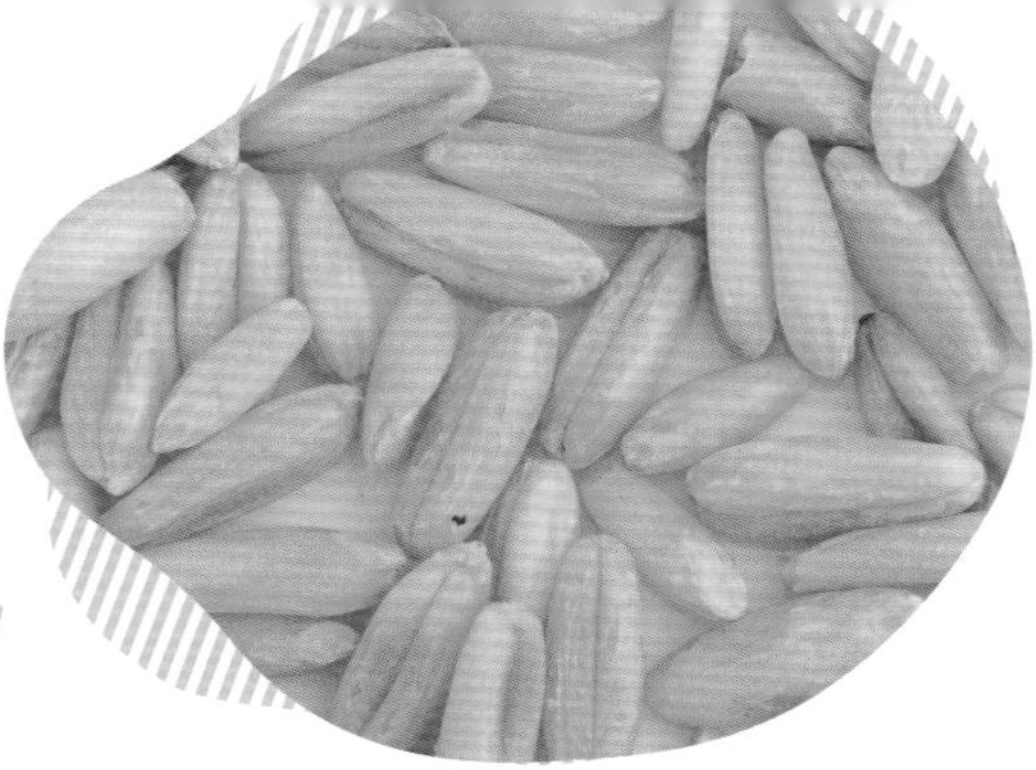

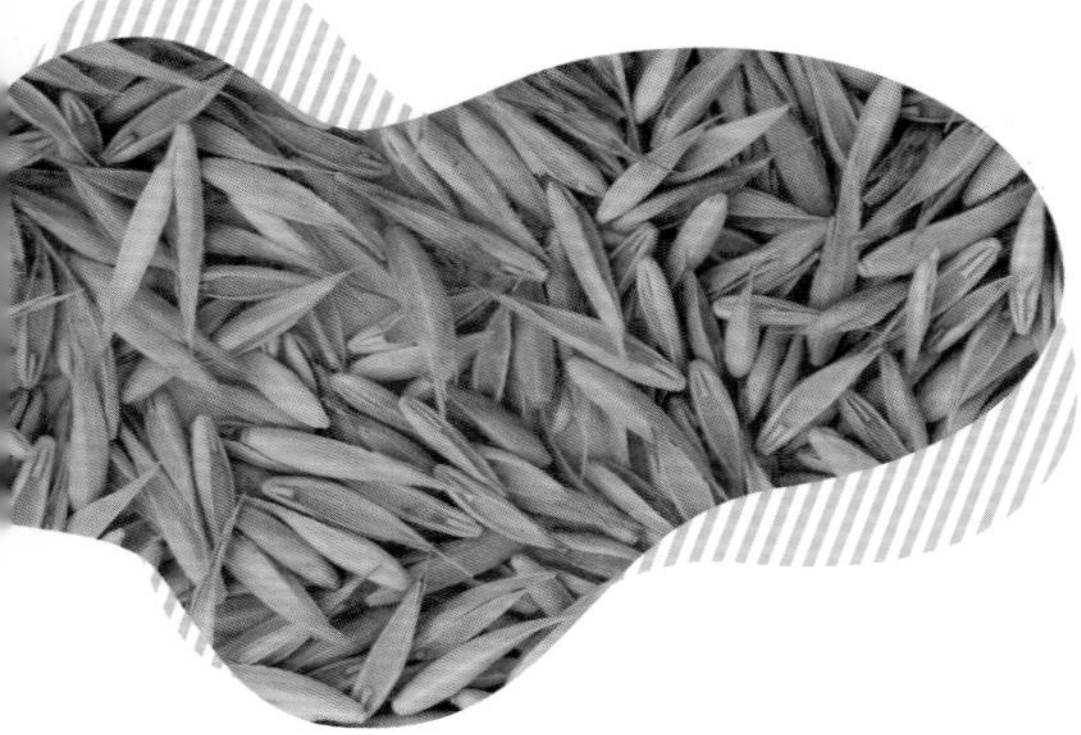

オーチャードグラス

Orchard grass

イネ科カモガヤ属。和名はカモガヤ。ユーラシア原産。粒のサイズの割には食べられる部分が少ないので、ダイエットに適している。

パギマグリーン

Pagima Green

アフリカ原産の野草の種。ドイツではリラックス効果があり、消化を助けるとしてシードの中でも人気がある。

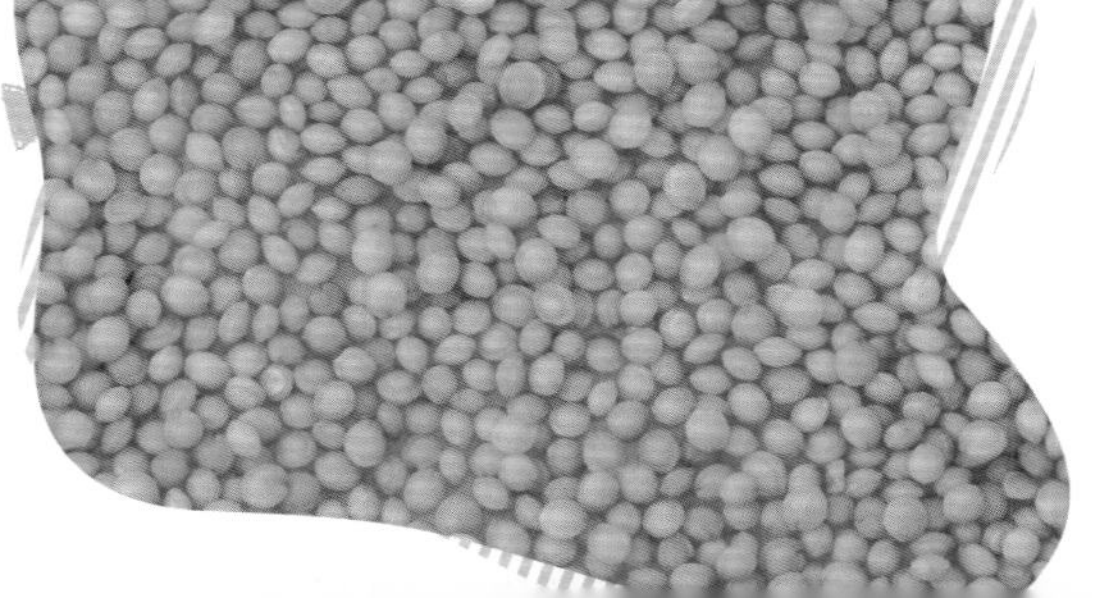

アマランサス

Amaranth

ヒユ科ヒユ属。南米原産で、インカ文明の頃から栽培されてきた。タンパク質、ミネラル、食物繊維を多く含む。ヒナの挿し餌に全体の５％足して与えることも可能。

ペレットのヒミツ

栄養バランスは満点！体調を崩したときも安心

文鳥の体に必要な栄養素が入ったごはんが総合栄養食のペレットです。さまざまな種類のペレットが販売されていますが、そのほとんどは鳥の飼育が盛んな海外のものです。88ページからのペレット図鑑では文鳥が食べやすいものを紹介します。

ただし、海外のものは輸入事情やメーカーの都合で急に手に入らなくなることもあります。そうしたときに備えて、日頃からいろんな種類のペレットを食べられるようになっておくと安心です。文鳥の中には、初めて見るものに警戒してしまうタイプが少なくないので、ふだんからいろいろなものを試しておくことが大事です。

また、病気になったとき用の療養ペレットもあります。ふだんからペレットに慣れていると病気のときも安心です。

ペレットへの移行のしかた

現在の主食がシードの場合は、ぜひペレットへの移行にチャレンジしてみてください。基本的にはシードの量を制限しながらはじめましょう。シードが十分にある状態では、なかなかペレットを食べません。

STEP 1 シードを制限する方法を試す

1日の食事量を調べる。

餌箱にシードを入れて重さを測る。1日経ったらシードの殻を吹いて餌箱の重さを測る。このとき、シードを散らされないよう深い餌箱を使う。

《例》 1日4g食べているのがわかった。

シードを分けて与える。

1日の食事量がわかったら、朝にまとめて用意し、1日に2～3回に分けて与える。

《例》 朝に4gのシードを準備し、朝晩2gずつ与える。

体重を測る。

毎朝体重を測り、体重が適正体重かを調べる。体重が減ってしまうようであれば、いつものシードを少し増やす。体重が重いのであれば、シードを少し減らす。目安として0.5～1gの間で調整を。

《例》 体重が増えてしまったので、シードの総量4gから0.5g減らし、3.5gにして様子を見る。

STEP 2 ペレットを試す

シードを制限した状態で、下記を試します。
文鳥が足りないと感じて食べ出すのを待ちましょう。

1. まずはさまざまなメーカーを試す
※ショップでは小分けにしたものも販売されています。

2. プラスαタイプ、着色ペレットを使ってみる（94～96ページ参照）

3. ラフィーバーのペレットベリーを崩して使ってみる（102ページ参照）

4. ペレットを粉状にしてシードに混ぜる

5. ペレットを粉状にして好きな野菜や果物にふりかける

6. 手で与えてみる

7. 人が食べているように見せる

食べはじめている様子が見られたら、体重が下がらないか確認しながら、シードをさらに減らしていきましょう。

《例》 1週間したらペレットを食べ出したのでシードを1日2gに。それでも体重が下がっていないことを確認できた。2週間したらペレットをさらに食べるようになったので、シードを1日1gにしたが、体重は維持できていた。3週間してシードをやめてみたが、体重を維持できている！ すべてペレットに切り替えることができた。

\\ 文鳥におすすめ //

ペレット図鑑

飼い鳥用のペレットはほとんどがインコ・オウム類用をうたっていますが、
文鳥の主食としても最適です。
文鳥でも食べられる小さめの形状のペレットを中心に紹介します。

メンテナンスタイプ

シンプルな無着色タイプのペレット。
主食をこのメンテナンスタイプに
切り替えることができれば
理想的な栄養バランスに。

ハリソン

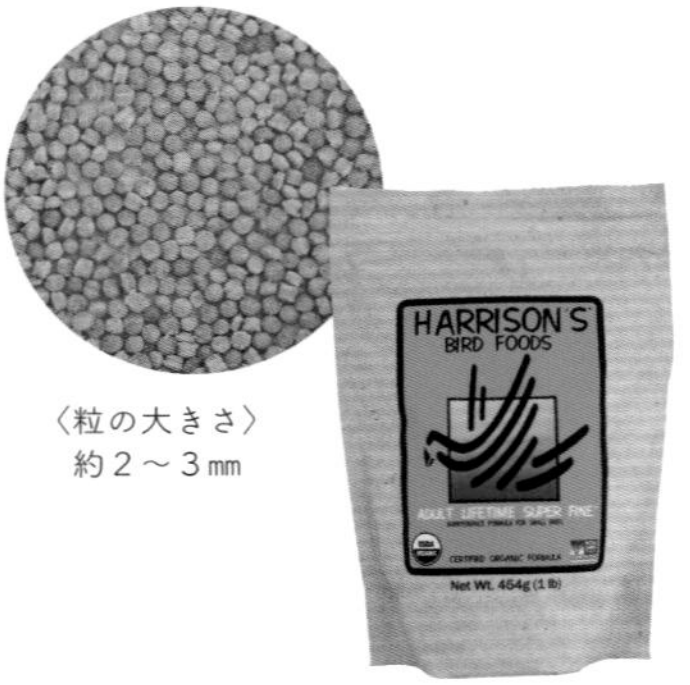

〈粒の大きさ〉
約２～３㎜

アダルトライフタイム スーパーファイン

フィンチにも推奨されているペレット。ハリソン社のペレットはすべて100%オーガニック原料を使用。

原材料は挽き割り黄トウモロコシ、挽き割りハダカムギ、ムキアワ、挽き割り大豆、挽き割りピーナッツなど。

※粒の大きさは編集部調べ。
※2021年1月時点の商品情報です。製造状況やメーカー都合により、粒の大きさや商品内容が変わることがあります。あらかじめご了承ください。

ハリソン

〈粒の大きさ〉
粉状

アダルトライフタイム マッシュ

成鳥用の粉状ペレット。粉状なので食べやすい。原材料はすべてオーガニック食材を使用。ムキアワ、挽き割り大豆フレーク、挽き割りムキゴマ、チアシード、挽き割りアルファルファなど。

ラフィーバー

〈粒の大きさ〉
約1～2㎜

プレミアム（フィンチ）

フィンチ用のペレット。
血中のコレステロールを下げるオメガ3脂肪酸・オメガ6脂肪酸配合。
原材料はトウモロコシ、大豆ミール、小麦粉、エンバクなど。

ラウディブッシュ

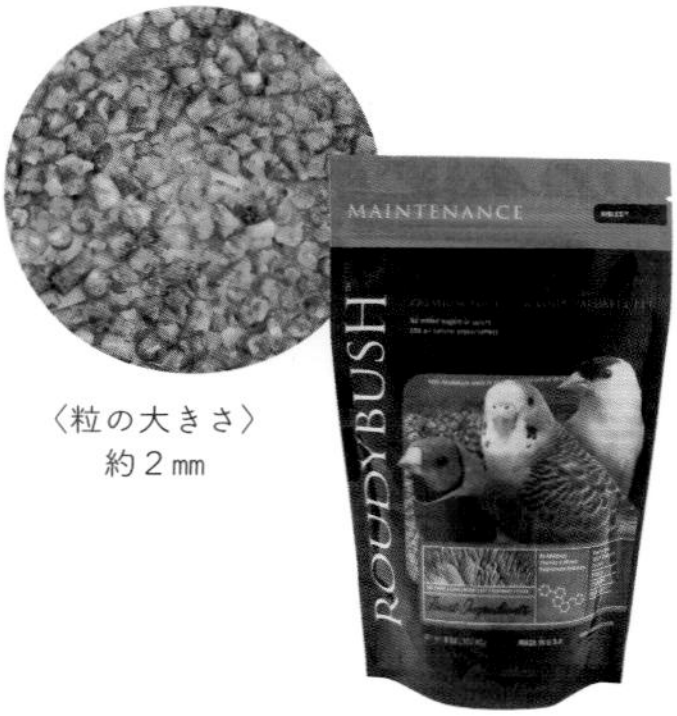

〈粒の大きさ〉
約2㎜

デイリーメンテナンス ニブルズ

ラウディブッシュ社のペレットの中でも、このサイズが文鳥向き。ラウディブッシュ社は獣医師しか処方できない療養食も販売しているため、このメーカーのペレットの味に慣れておくと治療もスムーズに進むことが多い。
原材料は挽き割りトウモロコシ、挽き割り小麦など。ビタミンKが豊富なアルファルファ（牧草）入り。

ズプリーム

〈粒の大きさ〉
約３～４㎜

ナチュラルパラキート

ズプリーム社は小型鳥用から大型鳥用まで幅広いサイズのペレットを取り揃えるメーカー。パッケージはセキセイインコだが、文鳥にも適したサイズ。高タンパク質・低脂肪・低鉄分でバランス良くビタミン類が含まれているのが特徴。原材料はトウモロコシ、大豆、キビ、オーツ麦など。

ケイティ

〈粒の大きさ〉
約２㎜

イグザクト・ナチュラル（オカメインコ）

ケイティ社の無着色ペレット。商品名にオカメインコとあるが、小型の鳥向きなので文鳥でも食べられる。ケイティ社のペレットには独特の甘い香りづけがしてあり、好む鳥も多い。
原材料は挽き割りトウモロコシ、挽き割り小麦、挽き割りオート麦など。

ベタファーム

〈粒の大きさ〉
顆粒～約４㎜

セキセイ ＆ フィンチクランブルス

フィンチ類に必要な栄養素を配合した、消化の良いペレット。ベタファーム社の商品は、獣医師により開発されたもの。オーストラリア原産の原材料のみを使用。
原材料はトウモロコシ、豆類など。ブルーベリーのフレーバーで、サクサクとしている。

シッタカス

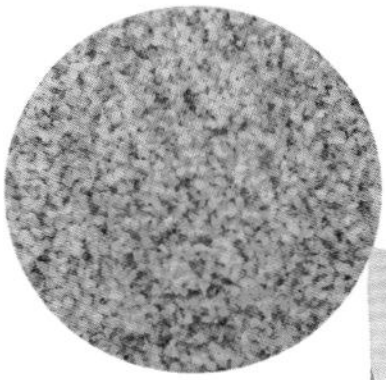

〈粒の大きさ〉
粉状

メンテナンス マイクロ フォーミュラ

成鳥用の粉状ペレット。粉状なので食べやすい。フルーツの香りが特徴。シッタカス社は約1300羽の鳥をモニターにしてペレットを開発している。

原材料は小麦粉、高オレインひまわり油、粉乾燥アルファルファ、小麦グルテン、醸造用酵母など。

黒瀬ペットフード

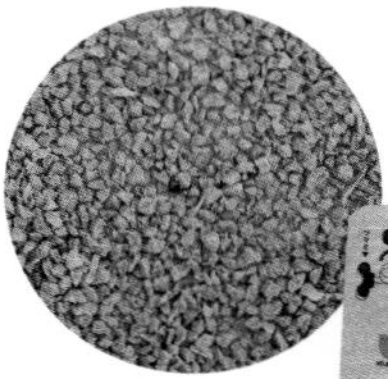

〈粒の大きさ〉
約1㎜

NEO フィンチ用

国産のフィンチ専用フード。虫を食べるフィンチの特性を考慮し、乾燥さなぎ、乾燥ミルワームなどの動物性タンパク質が入っているのが特徴。

原材料は小麦粉、米粉、脱脂米糠、米糠、ホミニーフィードなど。

黒瀬ペットフード

〈粒の大きさ〉

約2㎜

NEO 小粒タイプ

国内で製造しているフード。乳酸菌、アルファルファ（牧草）、消化酵素、オメガ3脂肪酸が摂れるアマニ油、ハーブエキス入り。

原材料はコーングリッツ、米粉、小麦粉、大豆粉など。

〈粒の大きさ〉
約1㎜

NEO 超小粒タイプ

「NEO 小粒タイプ」（左）よりさらに小さいタイプ。栄養価・原材料は左とほぼ同じ。

高栄養タイプ

ほかのペレットに比べて栄養価が高いタイプ。
換羽や病後など、ふだんより高い栄養価が必要なときに
与えたいペレットです。

ハリソン

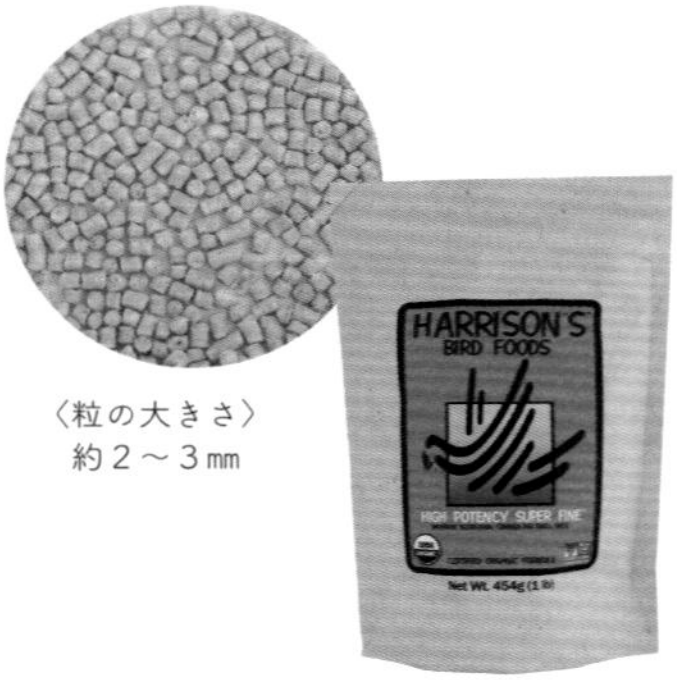

〈粒の大きさ〉
約２～３㎜

ハイポテンシー スーパーファイン

換羽期や病後、繁殖期など、高エネルギーを必要とする時期にぴったりのペレット。
原材料はムキアワ、挽き割り大麦、挽き割りハダカムギ、挽き割り大豆など。すべてオーガニック食材を使用。

ハリソン

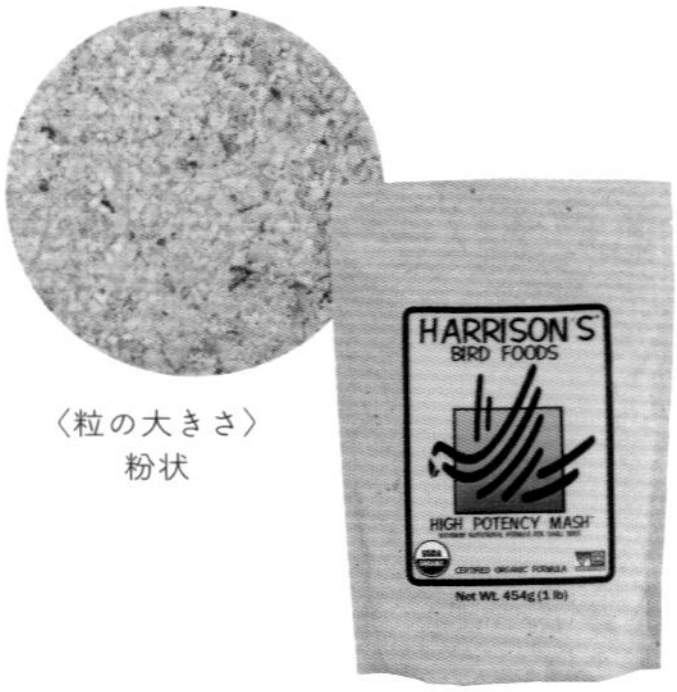

〈粒の大きさ〉
粉状

ハイポテンシー マッシュ

上記スーパーファインの粉状ペレット。粉状なので食べやすい。
原材料は上記とほぼ同じ。

ラウディブッシュ

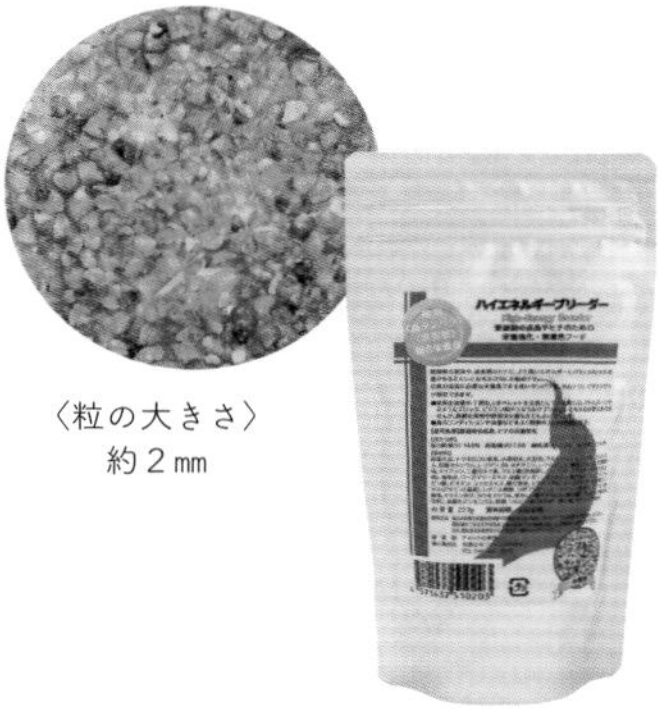

〈粒の大きさ〉
約2㎜

ハイエネルギーブリーダー ニブルズ

高タンパク・高脂肪のペレット。繁殖期の成鳥や成長期のヒナのために作られた、栄養強化型の無着色タイプ。成鳥に必要なカルシウム、ビタミンD_3が摂取できる。

原材料は脱脂大豆、トウモロコシ粉末、小麦粉末など。ビタミンKが豊富なアルファルファ（牧草）入り。

ラウディブッシュ

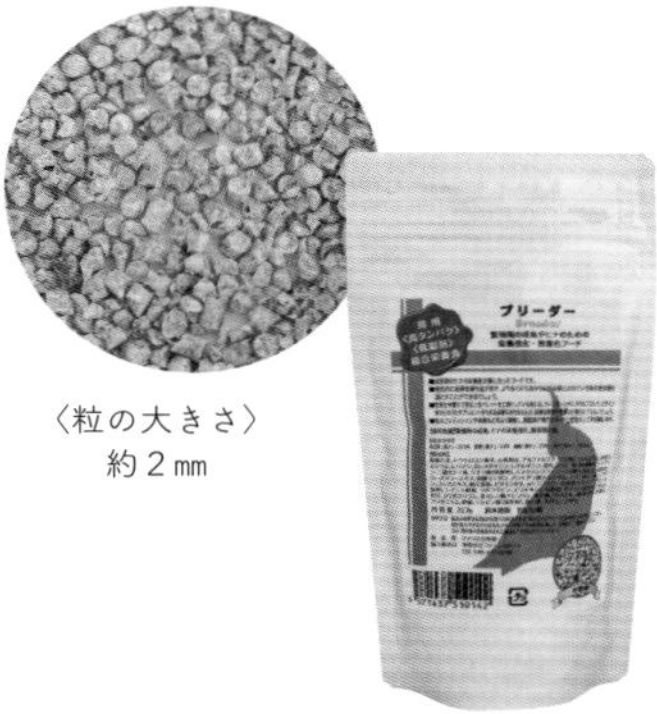

〈粒の大きさ〉
約2㎜

ブリーダー ニブルズ

高タンパク・低脂肪のペレット。ハイエネルギー（上記）と比べて低脂肪なのが特徴。ハイエネルギーは脂質7％に対し、ブリーダーは脂質3％。慢性的に産卵を繰り返す鳥や、カルシウムが必要な鳥、換羽期に最適。

原材料は脱脂大豆、トウモロコシ粉末、小麦粉末など。ビタミンKが豊富なアルファルファ（牧草）入り。

プラスαタイプ

ペレットに乾燥野菜や果物、シードが入ったタイプ。
嗜好性が高いので、
シード食からペレット食への切り替え時におすすめです。

ラウディブッシュ

〈粒の大きさ〉
約2～10㎜

カリフォルニアブレンド　ミニ

ラウディブッシュ社のデイリーメンテナンス（89ページ参照）に乾燥モモやアプリコット、プラム、パプリカ、ニンジン、トマトなどを加えたペレット。嗜好性が高いのでシードからペレットへの移行期におすすめ。

原材料は挽き割りトウモロコシ、挽き割り小麦など。

ヒギンズ

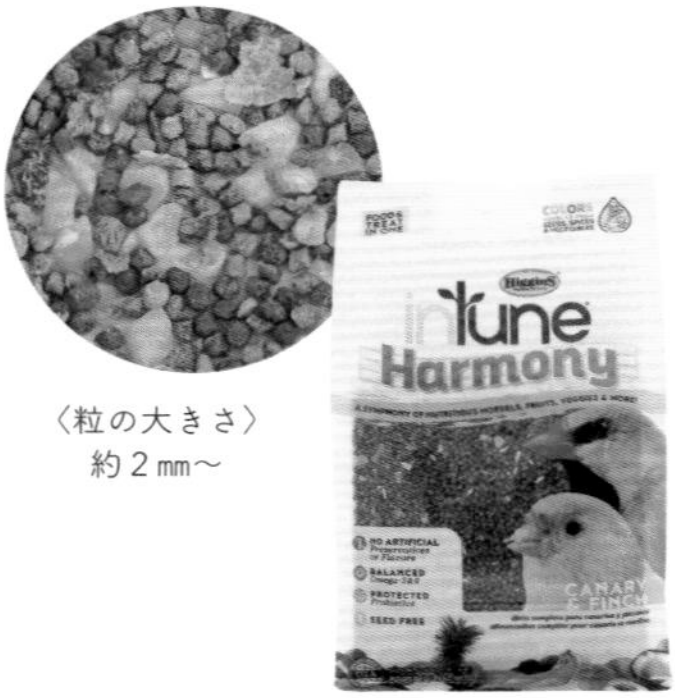

〈粒の大きさ〉
約2㎜～

インチューンハーモニー カナリア＆フィンチ

ヒギンズ社のインチューン（96ページ参照）にパイナップルやアーモンド、バナナ、ドライアプリコットやニンジン、パセリなどが入ったもの。ペレットは天然素材で着色。

原材料は粉トウモロコシ、玄米、大豆ミールなど。

ズプリーム

〈粒の大きさ〉
約1～7㎜

ピュアファン 小型インコ用

ズプリーム社のフルーツブレンド（96ページ参照）にシードや野菜、果物をブレンドしたペレット。

原材料はカナリーシード、アワ、小麦など。乾燥ニンジン、バナナ、オレンジ、リンゴ入り。

ズプリーム

〈粒の大きさ〉
約1～4㎜

センシブルシード 小型インコ用

ズプリーム社のフルーツブレンド（96ページ参照）にシードをブレンドしたペレット。

シードはオオバコの種、白粟、白キビ。

黒瀬ペットフード

〈粒の大きさ〉
約5㎜

NEO クローバータイプS

黒瀬ペットフードのNEOシリーズのペレット（91ページ参照）にムキアワを練りこんだタイプ。つついて崩しながら食べることができる。

原材料はアワ、コーングリッツ、米粉など。

着色タイプ

カラフルなものが好きな文鳥におすすめ。
ただし、フンにペレットの色がついてしまうので
健康管理はしっかりと！

ズプリーム

フルーツブレンド パラキート

人工着色料使用。原材料はコーンフラワー、大豆ミール、小麦粉など。

〈粒の大きさ〉
約4㎜

ズプリーム

フルーツブレンド カナリア・フィンチ

フィンチ向けの着色ペレット。人工着色料使用。原材料はトウモロコシ、大豆、キビ、オーツ麦など。

〈粒の大きさ〉
約2～3㎜

ケイティ

イグザクト・レインボー セキセイインコ＆ラブバード

人工着色料使用。カラフルで形状もさまざま。原材料は挽き割り小麦、挽き割りオート麦など。

〈粒の大きさ〉
約2～5㎜

ヒギンズ

インチューンナチュラル カナリア＆フィンチ

本物のバナナや柑橘類で味と香りづけをし、ターメリックなどの天然素材を使った着色ペレット。フィンチ向け。

〈粒の大きさ〉
約2㎜

ヒナ用フォーミュラフード

ヒナの挿し餌としてぜひ与えたい、
栄養価の高い粉状のフォーミュラ。
与え方は118ページを参考にしてください。

ケイティ

イグザクト ハンドフィーディング フォーミュラ

ケイティ社のヒナ用パウダーフード。腸内環境を整えるプロバイオティクス配合で、食滞や消化不良を低減。成長に必要なオメガ3脂肪酸配合。
原材料は挽き割りトウモロコシ、挽き割り小麦など。

ハリソン

ジュブナイル ハンドフィーディングフォーミュラ

ハリソン社のヒナ用パウダーフード。すべてオーガニック食材。
原材料はムキアワ、挽き割り高オレイン酸ひまわりの種、挽き割りハダカムギなど。

ラウディブッシュ

フォーミュラ3

ラウディブッシュ社のヒナ用パウダーフード。病気治療中の成鳥の強制給餌用フードとしても使用できる。

原材料はコーンスターチ、トウモロコシ粉、大豆粉など。

シッタカス

ハンドフィーディング ミニ

シッタカス社のヒナ用パウダーフード。シッタカス社は約1300羽の鳥をモニターにペレットを開発している。

原材料はイエローコーンパウダー、大豆ミールなど。

ベタファーム

ニュートリコア

ベタファーム社のヒナ用パウダーフード。

獣医師が開発。13種類のビタミンとミネラル、9種類の良性バクテリアと7種類の消化酵素を含む。

原材料はオーストラリア産大豆粉、エンドウ豆粉など。

掲載ペレット栄養一覧表

	メーカー	商品名	タンパク質	脂質	繊維	水分
メンテナンス	ハリソン	アダルトライフタイム スーパーファイン	14.0%	6.0%	4.5%	10.0%
	ハリソン	アダルトライフタイム マッシュ	17.0%	6.5%	8.0%	10.0%
	ラフィーバー	プレミアム(フィンチ)	12.0%	5.0%	3.0%	10.5%
	ラウディブッシュ	デイリーメンテナンス ニブルズ	11.0%	6.0%	3.5%	12.0%
	ズプリーム	ナチュラルパラキート	14.0%	4.0%	5.0%	10.0%
	ケイティ	イグザクト・ナチュラル(オカメインコ)	14.0%	5.0%	5.0%	12.0%
	ベタファーム	セキセイ&フィンチクランブルス	21.0%	8.0%	4.0%	—
	シッタカス	メンテナンス マイクロ フォーミュラ	16.0%	7.5%	2.7%	9.0%
	黒瀬ペットフード	NEO フィンチ用	21.7%	5.8%	5.9%	10.2%
	黒瀬ペットフード	NEO 小粒タイプ	15.0%	3.0%	2.4%	11.5%
	黒瀬ペットフード	NEO 超小粒タイプ	15.0%	3.0%	2.4%	11.5%
高栄養	ハリソン	ハイポテンシー スーパーファイン	20.0%	12.0%	5.0%	10.0%
	ハリソン	ハイポテンシー マッシュ	20.0%	14.0%	8.0%	10.0%
	ラウディブッシュ	ハイエネルギーブリーダー ニブルズ	19.0%	7.0%	2.0%	12.0%
	ラウディブッシュ	ブリーダーニブルズ	20.0%	3.0%	2.0%	12.0%
プラスα	ラウディブッシュ	カリフォルニアブレンド　ミニ	11.0%	6.0%	3.5%	12.0%
	ヒギンズ	インチューンハーモニー カナリア&フィンチ	13.5%	7.0%	3.0%	8.0%
	ズプリーム	ピュアファン　小型インコ用	10.0%	5.0%	9.0%	13.0%
	ズプリーム	センシブルシード　小型インコ用	12.0%	3.0%	9.0%	15.0%
	黒瀬ペットフード	NEO クローバータイプS	14.4%	3.1%	2.2%	7.8%
着色	ヒギンズ	インチューンナチュラル カナリア&フィンチ	15.0%	5.0%	5.0%	11.0%
	ケイティ	イグザクト・レインボー セキセイインコ & ラブバード	14.0%	5.0%	5.0%	12.0%
	ズプリーム	フルーツブレンド カナリア・フィンチ	14.0%	4.0%	3.5%	10.0%
	ズプリーム	フルーツブレンド パラキート	14.0%	4.0%	3.5%	10.0%
ヒナ用フォーミュラフード	ケイティ	イグザクト・ハンドフィーディング フォーミュラ	22.0%	9.0%	5.0%	10.0%
	ハリソン	ジュブナイル ハンドフィーディングフォーミュラ	18.0%	11.0%	4.0%	10.0%
	ラウディブッシュ	フォーミュラ3	21.0%	7.0%	5.5%	12.0%
	シッタカス	ハンドフィーディング　ミニ	21.4%	10.0%	4.2%	7.0%
	ベタファーム	ニュートリコア	24.0%	11.0%	2.5%	—

※数値はメーカー表記によるものです。　※2021年３月時点の情報です。編集部調べ。
※メーカーによって成分表の数値に対してmin、max、以上、以下などの記載がある場合がありますが、本表では省略しています。

副食のヒミツ

シード食がメインの場合は、必ず野菜やサプリメントを与え、必要な栄養素を補いましょう。

ペレットが主食の場合は、一般的に栄養面ではサプリメントや副食はほぼ必要ありません。ただし、副食は文鳥にとって楽しみのひとつでもあります。もちろん個体差はありますが、大きめの青菜や枝つきのアワ穂をそのままつつくのが好きな子が多いようです。文鳥に合わせて食べやすいようにとなんでも小さくするのではなく、食べるかどうか様子を見てから小さくするのでかまいません。食事を選ぶときは栄養や味だけでなく、どんな形状や色が好きか、文鳥のことを観察してみてください。体重や健康管理を行いつつ、文鳥が楽しめるような食事の時間にしましょう。

与えてよい野菜・果物

《 野 菜 》

- 小松菜
- チンゲン菜
- 水菜
- ホウレン草（シュウ酸が多いので食べすぎに注意）
- 豆苗
- ニンジン
- パセリ
- セロリの葉（茎はNG）
- キャベツ
- レタス
- ピーマン
- パプリカ
- キュウリ

《 果 物 》

- イチゴ
- オレンジ・ミカン
- バナナ
- ブルーベリー
- クランベリー
- メロン
- スイカ
- マンゴー
- ブドウ
- キウイ
- カキ
- パイナップル
- リンゴ※
- モモ※
- ナシ※
- さくらんぼ※
- プラム※

※印がついた果物のタネは与えないでください。タネに含まれているシアン化合物という物質で中毒を起こす危険があります。

・同じものばかり与えず、いろいろなものを与えましょう。

・便が水っぽくなりすぎるものは避けましょう。

・上記の果物は鳥用のペレットにも使用され、安全が確認されています。

・果物類は好む場合のみ、一週間に１回あげる程度でかまいません。糖分が多いので、あげすぎは禁物です。無理に与える必要もありません。

与えてはいけないものリスト

文鳥が口にすると生命の危機に陥る場合もあります。
決して与えないようにしましょう。

【 野菜・果物類 】

〔強い毒性がある〕

アボカド

果物のタネ
（リンゴ・モモ・アンズ・プラムなど）

ニンニク

タマネギ

〔粘り気が多い〕

モロヘイヤ

〔胃腸への負荷が高い〕

セロリの茎
（繊維部分）

トマト

キノコ

【 人の食べ物 】

チョコレート

コーヒー

キシリトール

高脂肪食品
（バターや油類）

高ナトリウム食品
（塩分が高いもの）

高糖質食品

ごはんにまつわるQ&A

Q もともとお米を食べていた鳥だから、お米をあげています。

Answer
少量ならかまいませんが、胃への負担が大きいので毎日与えるのは避けましょう。胃の負担を減らすことが長生きの秘訣です。

Q うちの文鳥はパンが好きなのですが…。

Answer
パンは高カロリー食品です。肥満を促進させ、嗜好性が高いのでもらえないとストレスになります。栄養バランスの良い食事を心がけましょう。

Q うちの文鳥は煮干しが好きなのですが…。

Answer
塩分がないもので、少量ならあげてもかまいませんが、もともと魚は食べないので体に良いとは断言できません。煮干しの代わりになるタンパク源を与えましょう。

Q 昔から塩土をあげています。

Answer
塩土は文鳥に必要のないものです。塩分過多になるので、すぐに与えるのをやめましょう。

おやつのヒミツ

おやつは栄養的に必要なものを補うというよりは、文鳥に食べることを楽しんでもらう時間です。健康管理に気をつけながら、文鳥が好むものを用意してあげましょう。もちろん、特別なシード（84ページ）や果物類（100ページ）がおやつでもかまいません。

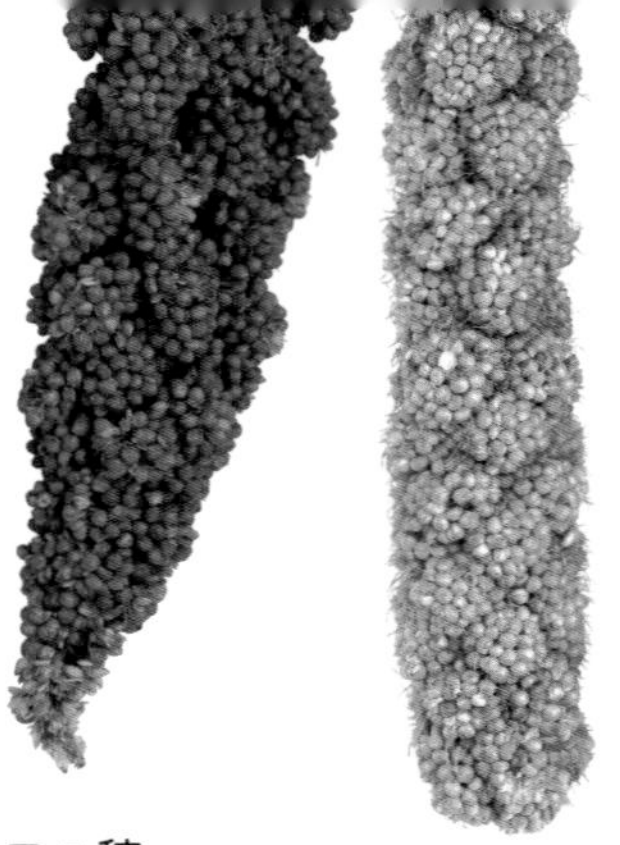

アワ穂

アワ（83ページ）が枝のままついたもの。赤・白・黄アワ穂などがある。

ペレット移行期に！

おすすめのおやつ

長年シードを主食にしてきた文鳥のなかには、ペレットを食べ物として認識するのが難しい場合もあります。そんなときに試したいのが、ラフィーバー社のおこし状のペレット。ペレットをベースに、シードやフルーツなどがブレンドされています。大きさはいずれも約15㎜。インコ・オウム向けの商品ですが、文鳥も食べられます。文鳥はかじることができないので、少し砕いて与えてみましょう。

》ラフィーバー
トロピカルフルーツ（スモールバード）

パパイヤやパイナップルなどの果物とペレットを固めたおこし状のおやつ。ペレットは全体の26％配合。

》ラフィーバー
ペレットベリー（パラキート）

クランベリーなどの果物と天然の穀物がペレットに混ざっており、いろいろな味や食感を楽しめる。
※主食にもおやつにも使える。

》ラフィーバー
ニュートリベリー（パラキート）

シードや穀物を蜜で固めたもの。オメガ3・6脂肪酸配合。
※主食にもおやつにも使える。

》ラフィーバー
サニーオーチャード（スモールバード）

シードとアプリコットやベリーを固めたおこし状のおやつ。ペレットは全体の30％配合。

》ラフィーバー
アヴィケーキ（スモールバード）

シードとペレットをシート状に固めたおやつ。好みの大きさにちぎれる。

サプリのヒミツ

シード主食の場合は、必ずビタミン剤を飲み水の中に混ぜて与えましょう。必要な栄養素を補います。カルシウムの摂取も忘れずに。カトルボーンパウダーが一番おすすめです。サプリメントはあくまでも栄養の補助。できれば食事から栄養素をきちんととれるような食生活を心がけましょう。私たち人と同じですね。

卵の殻を角がなくなるくらいにすり減らしたものでも代用可能！

《 カルシウムを補えるもの 》

おすすめ
第1位

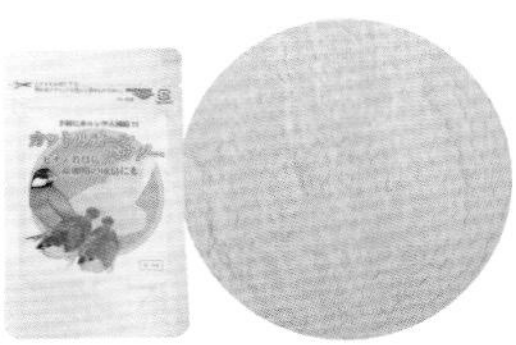

カトルボーンパウダー

カトルボーンを粉状にしたもの。胃への負担が一番少ない。シードなどに振りかけて使用する。

おすすめ
第2位

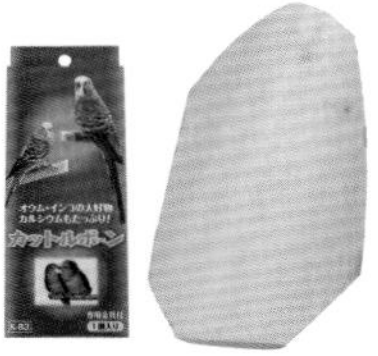

カトルボーン

天然のイカの甲を加工したもの。くちばしでつつくのが好きなタイプに。

おすすめ
第3位

ボレー粉

筋胃内でグリットとして停留し、少しずつ消化される。カルシウム源としては効率が悪く、胃の負担が大きい。

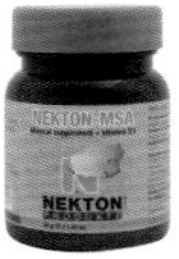

ネクトンMSA

カルシウムやミネラル、ビタミンD_3などを補える。

\ 乳酸菌は体を強くする //

乳酸菌サプリメント コスモラクト

鳥の腸内環境を整える、乳酸菌生成エキス。腸内環境を強くすることで、体の健康を保つ効果が期待できる。ネクトンと併用も可。

シード主食の文鳥には必ず！

《 ビタミン剤 》

ネクトンBIO

成長期・換羽期用のサプリ。羽の成長を助ける栄養素が含まれている。

ネクトンS

13種のビタミン、18種のアミノ酸、ミネラルを含んだサプリ。粉状。水に溶かして飲ませる。

光と温度のヒミツ

1日12時間半の光が目安

文鳥の原産国であるインドネシア・ジャカルタの日長時間は、最も短い6月で11時間46分、最も長い12月で12時間29分です。文鳥は短日周期と呼ばれる、日長が短い時期に繁殖を行う動物です。しかし、実際にはジャカルタの日長時間の差はわずか43分以下の時間の違いしかありません。これにより、文鳥の生活時間は12時間半前後が理想と考えられます。鳥は半球睡眠※であり、昼寝もするので寝不足にはなりません。

飼い主さんが昼間に働いている場合は帰宅後に放鳥し、しっかりとコミュニケーションを取って文鳥を満足させてから寝かせた方が良いでしょう。たとえば、一度暗くなって文鳥が寝ていたとしても、帰宅時に出たがっていたら放鳥してもかまいません。逆に眠そうなら、人の都合で文鳥を出さないようにしましょう。

健康な体を作るには、UVライトをケージの上から照射することが推奨されます。ガラス越しの日光では紫外線が減弱してしまうためです。文鳥にライトを照射するのは、生活時間と同じ12時間半前後を推奨します。

※半球睡眠……脳が半分ずつ寝ること。起きている間も片方の脳は寝ている。

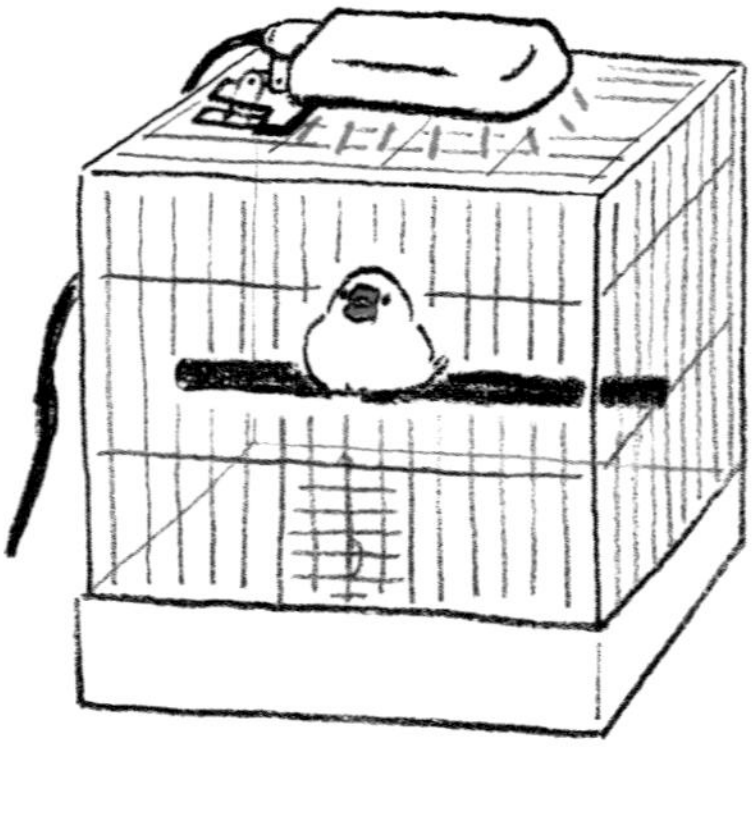

UVライトの使い方

UVライトは、ケージの真上から点けます。横から照射すると、目にダイレクトに光が入ってしまいます。ライトは爬虫類用などではなく、小鳥専用と明記されたものを使用しましょう。

温度と湿度

インドネシアの年間平均気温は30℃、年間平均湿度は80%です。湿度が高いのは雨季に降雨が多いためです。しかし、アスファルトに囲まれた都会とは異なり、地面は土で草原や森に囲まれています。文鳥たちは風がある場所で生活しており、じめじめとした環境にはいません。文鳥の快適温度は23~30℃であると考えられます。そして湿気のこもらない、乾燥していない環境が最適です。

夏と冬の対策

インドネシアの年間最高気温は32℃、最低気温は23℃です。東京の高温多湿の夏、低温で乾燥した冬は文鳥には辛い季節です。

室温が30℃を超えるような時期には冷房をかけて、温度と湿度を下げた方が良いでしょう。健康であれば寒さには比較的耐えられますが、急激な室温低下は調子を崩す可能性があります。急に気温が下がる日にはいつもよりも保温に気をつけ、窓の近くなど断熱性が低い場所にはケージを置かないようにしてください。冬は乾燥するため、加湿器を使って人の健康維持湿度である40~60%は保つようにしましょう。

Column

暖房器具について

部屋全体を温めるのにはエアコン、セラミックファンヒーター、カーボンヒーター、オイルヒーターなどが向いています。石油を使うものは、不完全燃焼がなく、換気を行えば大丈夫ですが、心配な方は念のためやめておいた方がよいでしょう。もちろん、室温だけでなくケージの中の保温も忘れずに。

発情のヒミツ

発情は子孫を残すという本能による、生理現象です。飼われている文鳥の環境はとても快適なため、この環境でなら子孫を残したいと文鳥は感じやすくなります。その結果、慢性的に発情してしまうのです。犬や猫であれば、卵巣や精巣を摘出することが可能なため、倫理的な問題を除けば根本的に発情の問題を解決することができます。しかし文鳥は、安全性の高い卵巣および精巣の摘出術は確立されていません。発情を抑制するには多くの工夫が必要です。

　ここでは問題となりやすいメスの発情の原因と抑制方法について解説します。

発情とは？

発情という言葉が繁殖期全体を指していると誤った認識を持った方もいるかもしれません。左ページの図のように、鳥の繁殖期には大きく分けて発情期、抱卵期、育雛期の3つのステージがあり、それ以外の時期を非発情期と呼びます。いわゆる発情とは、抱卵期に入る前までの段階を指します。現在、文鳥がどのステージなのかを把握することが発情対策の第一歩です。

　ここでは、発情期の解説、メスの文鳥の発情の特徴、発情抑制の方法を紹介します。

鳥の繁殖ステージ

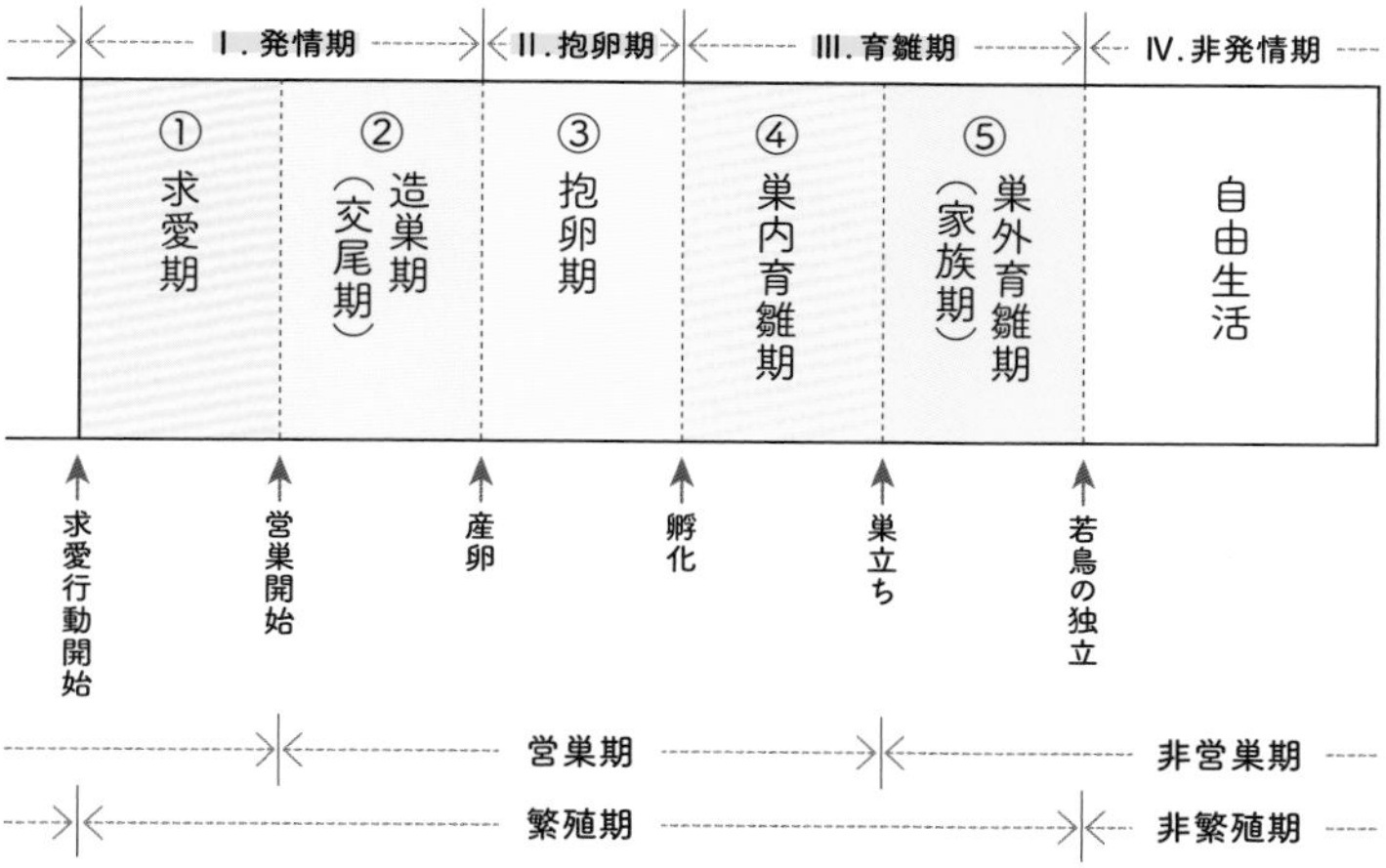

発情期

発情期は、①求愛期と②造巣期（交尾期）の２つがあります。まずオスが先に発情をし、求愛期を迎えます。そしてメスに対して求愛行動を行い、メスはこの刺激によって発情が始まります。次にオス・メスともに発情すると、造巣期（交尾期）に入り、巣作りをしながら交尾を繰り返します。巣ができあがると産卵が始まります。

抱卵期

通常、1つめの卵を産んでもすぐに抱卵はせず、3個程度になってから抱卵を始めます[※1]。発情が始まると、最短1週間で産卵し、毎日産卵します[※2]。抱卵期のメスは卵の上にうずくまり、目をつむって調子が悪そうに見えます。また、卵がなくても抱卵行動をする場合があります。

育雛期

卵が孵化すると育雛期に入ります。育雛期は、④巣内育雛期と巣立ち後の⑤巣外育雛期（家族期）に分かれます。

非発情期

非発情期は卵巣の活動が止まる時期のため、繁殖行動はまったく見られなくなります。多くの鳥種では、繁殖期終了後の非発情期に換羽が見られます。このため、一般的に換羽をしているときは非発情期といえるでしょう。しかし例外として、発情期や抱卵期でも換羽が見られる場合もあります。

※1　ヒナの大きさに差が出ないようにするためと考えられています。
※2　産卵数には個体差がありますが、最大で8個の産卵が確認されています。

しっかりチェック！

メスの発情期の特徴

メスは発情すると体と行動に変化があらわれます。
日々の行動から見逃さないようにしましょう。

特徴1

食欲が増える

卵を産むためには、栄養をたくさん取らなければなりません。そのため、いつもよりもたくさん食べます。また、カルシウムが多量に必要となるため、カトルボーンやボレー粉をいつもより多く食べるようになることもあります。

特徴2

体重が急に増える

食欲増に合わせて体重も増加します。しかしそれだけではなく、卵巣と卵管が発達して骨にカルシウムを蓄えようとするため、体重が増えやすくなります。決まった食事量にしていても急に体重が増えるため、毎日体重を測ることで変化に気づくことができます。

特徴3

お腹が緩む

発情すると、文鳥の体は卵を作る準備をします。お腹の中に卵ができるスペースを作るために腹筋が緩み、恥骨間が開きます。お腹を触ってみると張った状態で、プヨプヨとしています。体内に卵ができると、指で卵に触れることもあります。

特徴4

便が大きくなる

インコ類ほど顕著ではありませんが、発情すると便が少し大きくなります。鳥は総排泄腔（クロアカ）の糞洞というところに便が溜まります。メスは抱卵する際に長く巣に籠ることが可能になる「溜め糞」をするため、糞洞が拡張します。いつもよりも溜めて便をするため、便が大きく水っぽくなります。文鳥はオスとメスで協力して抱卵するので、インコ類ほど糞洞は拡張しないため、便は顕著に大きくなりません。

特徴5

いつもよりも甘えてくる

人をペアと思っている場合は、いつもよりもそばに来たがるようになり、スキンシップを取ろうとします。子育てはオスとメスの共同作業なので、いつもより連携を取る必要があるのです。

特徴6

攻撃的になる

発情期の文鳥はナワバリを持ちます。そのため、ペアと思っていない人や鳥に対しては、ナワバリから排除するため攻撃的になります。しかしペアと思っている人でも、発情により神経質になっているメスは、気に入らないことをすると噛むことがあります。

特徴7

交尾を受け入れようとする

発情期はオスと交尾をする時期です。メスが交尾を受け入れるときは、頭を下げて態勢を低くし、尾を横に振ります。人の手を近づけた際にこの行動をすることが多いです。通常はオスの求愛ダンスに反応してこの態勢を取ります。交尾時にメスもオスの求愛ダンスにシンクロしてホッピングするので、この態勢をする前にホッピングすることがあります。

特徴8

巣作りしようとする

文鳥は野生では、木や建物内に枯れ草や草の根を用いてボール型の巣を作ります。隙間があればそこを探索し、気に入ればその中に籠ろうとします。また紙や布の切れ端などを運んで巣作りしようとします。

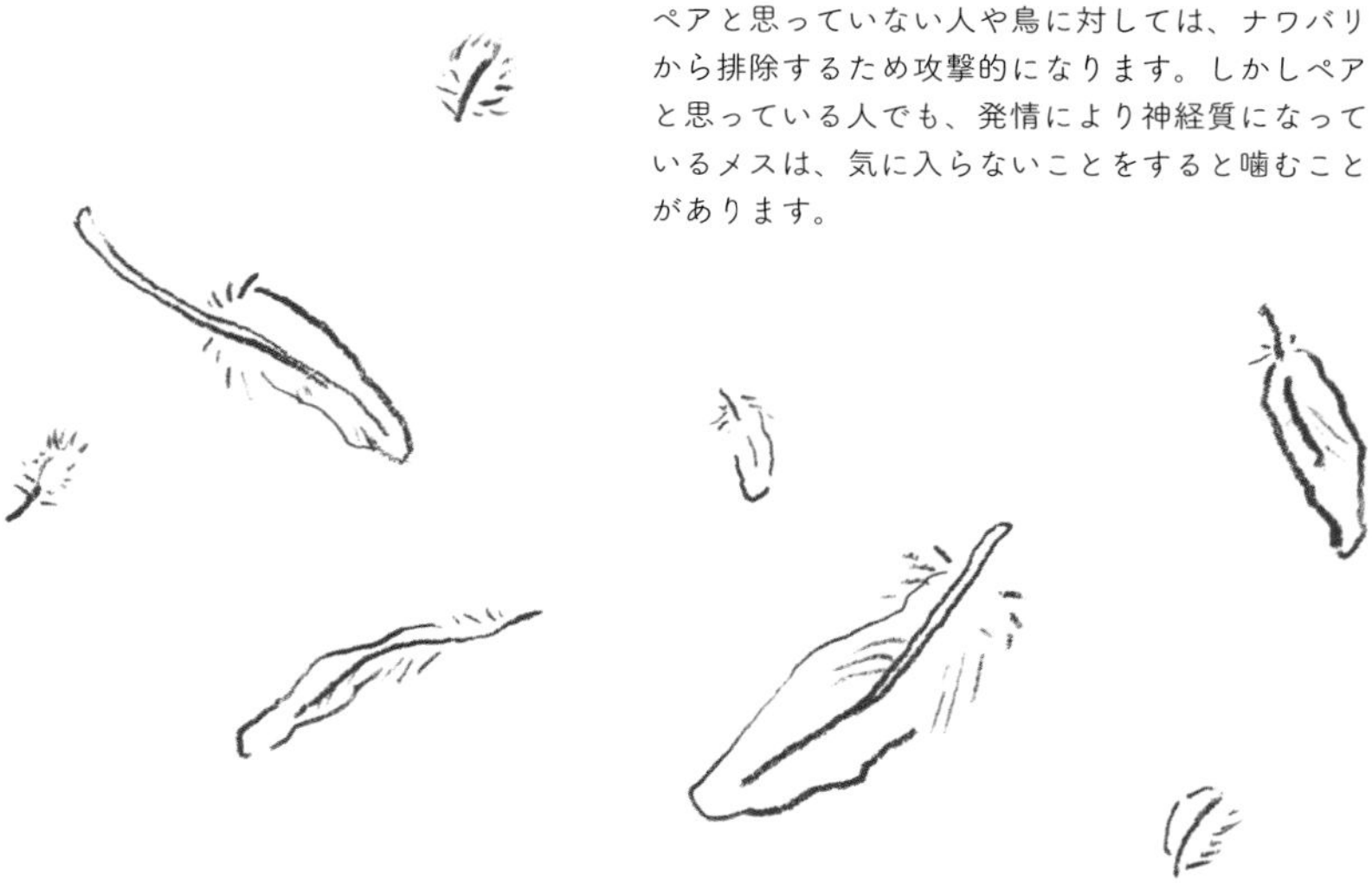

発情の条件から抑制方法を探る

どんなことが文鳥の発情の引き金となっているのでしょうか。
野生での繁殖期・非繁殖期の違いと現在の飼育環境を比べれば、
発情の対策方法を導くことができます。
我が家の文鳥が何をきっかけに発情しているのかを確認してみてください。

［ 発情条件 ① ］

日長の長さ

野生の文鳥の繁殖期は、乾季の５月～10月です。この時期は雨季に比べて日長が短くなります。このため、文鳥の発情は短日周期なのです。日本の短日周期は冬なので、冬に快適温度で飼育すると、発情しやすくなります。名古屋大学の行った研究では、11月～３月に有意な生殖器の発達が確認されました。すなわち、この時期に発情が確認されたということです。

対策

光と温度のヒミツ（104ページ参照）で解説したように、文鳥には適した日長時間があります。推奨されるのは、１日12時間30分以上は明るい時間を作るというものです。もちろん長すぎるのもNGです。一緒に夜更かしをするのはやめましょう。

［発情条件②］

餌の量

ジャワ島では米作が年間3期作も行われるため、食べ物は一年を通じて豊富です。それにもかかわらず雨季に繁殖しないのは、降雨が繁殖には適さないためではないかと考えられます。人の飼育下ではもちろん降雨がなく、食物がたくさんある状態は育雛に最適といえます。そのため文鳥は冬が発情しやすいものの、餌があれば年間を通じて発情するのです。

つまり、常に餌を食べられる状態こそが、発情の原因となっているのです。動物の本能は、第一に生存であり、自分自身が生きていくことが最優先です。生存するのに一番重要なのが食物です。食物が十分あることで、第二の本能の繁殖に繋がります。自分が生きていく分だけの食物の量しかない場合は、繁殖本能が出にくくなるのです。

対策

餌を常に食べられるようにはせず、制限して与えます。餌の量を正常体重を維持する量に留めておくのがポイントです。やり方は、87ページに記載したペレットへの切り替え方法と基本的には同じです。

《食事制限の方法》

1　1日の食事量を調べる

餌箱に餌を入れて重さを測る。1日経ったら殻を吹いて餌箱の重さを測る。このとき、餌を散らされないように深い餌箱を使う。

例：1日4g食べているのがわかった。

2　餌を分割して与える

1日に食べている餌の量がわかったら、朝にそれと同じ重さの餌を用意する。1日に2～3回に分割して与える。

例：朝に4gの餌を準備し、朝晩2gずつ与える。

3　体重を測る

毎朝体重を測り、体重が適正体重かを調べる。体重が減ってしまうようであれば、餌を少し増やす。体重が重い場合は、餌を少し減らす。目安として0.5～1g程度調整する。

例：体重が増えてしまったので、0.5g減らして3.5gにして様子を見ることにした。

※文鳥の正常体重は、23g～28gです。体格によって異なるため、132ページを参考にしてください。

〔 発情条件 ③ 〕

温度

野生の文鳥が暮らすジャカルタは最低気温が23℃。つまり23℃以上の室温になると、文鳥は発情しやすい温度になる可能性があるということです。寒いとヒナを安全に育てることができないので、発情しにくくなります。

対策

文鳥にとって、短日周期となる日本の冬が最も発情しやすい時期です。調子を崩さない程度の温度にすることで発情しにくくなります。寒さに馴れている場合、20℃を切っても発情する個体もいます。また、急激な温度低下は調子を崩してしまうので、温度計でしっかりと室温を測って調整してください。食事制限がしっかりできていれば、快適温度でも発情しにくくなるため、温度の調整よりも先に食事量の調整を試みてください。

〔 発情条件 ④ 〕

巣の存在

文鳥は発情して巣作りをするのではなく、巣があると発情します。発情してから最短1週間で産みはじめるので、巣の場所が見つかってから巣作りをしていると産卵に間に合わないのです。そのため巣の存在は、発情の引き金になりやすくなります。

対策

つぼ巣はオス・メス共に発情の引き金となるため、入れないようにしましょう。ただし、調子が悪いときや発情しなくなった老鳥の場合は、入れてもかまいません。つぼ巣で寝るのは文鳥にとって、とても快適なようです。

〔 発情条件 ⑤ 〕

過剰なスキンシップ

文鳥どうしのスキンシップは、お互いの頭や首あたりの羽の羽づくろい程度です。体と体のふれあいは、交尾でしか行われません。人の手の中に入る、にぎられ文鳥のような体全体に触わる行為は発情を促す可能性があります。

対策

食事制限がしっかりできており、発情しない状態であれば、人の手で触ったりにぎったりしても問題はありません。発情に悩んでいる場合は、一度スキンシップを止めてみるのも手です。

〔 発情条件 ⑥ 〕

発情刺激となるおもちゃ類

おもちゃが発情刺激となることがあります。そのおもちゃがあると性的興奮が起こってグルルルと鳴いたり、おもちゃや器具などを背負って交尾を受け入れる態勢をすることがあります。

対策

発情刺激となっている可能性があるおもちゃや器具は、ケージから外すか、放鳥時にも文鳥が見えない場所に隠すようにしましょう。しかし、なんでもかんでも取り上げてしまう生活は、とてもつまらないものになります。しっかりと食事制限をして、発情抑制をしてお気に入りのものを取り上げなくてもよいようにしましょう。

薬を使う選択肢もある

ホルモン剤でも発情抑制ができる

家庭でできる対策をしてもなかなか発情が治まらず、何度も産卵してしまうことがあります。文鳥も好きなだけ食べられない生活や触って欲しくても触ってもらえず、お気に入りのものを取り上げられる生活は、健康のためとはいえ、幸せとは言えないのかもしれません。

そうした場合は、ホルモン剤を使うのも手です。人の女性も月経痛などの改善に低用量ピルなどのホルモン剤を用います。低用量ピルは子宮体がんなどのリスクを下げる効果もあります。鳥も発情・産卵が続けば体力を失い、発情に関連する卵詰まりなどの生殖器の病気の発症リスクが上がってきます。ホルモン剤による発情抑制は化学的去勢といいます。

なかにはお薬を使わずに自然に任せたいという飼い主さんもいますが、人の手で飼育しているという環境自体がそもそも不自然であることを忘れないでください。

鳥に使われるホルモン剤には、LH-RHアゴニスト製剤（リュープロレリン酢酸塩）、抗エストロゲン剤（クエン酸タモキシフェン）、アロマターゼ阻害剤（レトロゾール）などがあります。これらの薬剤は鳥への副作用が少なく、発情コントロールに適しています。以前は、黄体ホルモン製剤（クロルマジノン酢酸エステル、メドロキシプロゲステロン酢酸エステル）も使われていましたが、鳥には副作用が強いため使用する獣医師は少なくなりました。ホルモン剤で発情を止めると、換羽が来ることがあります。一度にたくさん抜けると調子を崩すことがあるので、換羽が見られた際は保温をしっかりとして、体を冷やさないように注意しましょう。

オスの発情対策

オスは発情すると、求愛行動をします。最初にくちばしを止まり木に擦りつけてクリック音を出し、求愛のさえずりをしながらホッピングするのが特徴です。人をペアと思っている場合は、人の手や頭に交尾をしようとし、そのまま射精することもあります。

オスはメスを刺激して発情させる役割があるため、オスの方が発情しやすく、飼育環境下ではいつでも発情している状態になりがちです。しかし、文鳥のオスの生殖器疾患は非常にまれです。ただし、性衝動が強いのは辛いことなので、メスと同じように対策を行って、軽減することを目標に発情抑制を行ってください。完全に発情を止められなくても病気の心配はほとんどないことを知っておきましょう。

暮らしの
文鳥のヒミツ Q&A

ふだんの暮らしの中で気になる、
文鳥のしぐさや体のヒミツを
Q&A形式で紹介します。

Q 噛み癖が治らないのはなぜ？

Answer まずは噛む理由を知りましょう

噛む理由は三つ

一口に噛み癖といってもさまざまな原因があります。

一つめは、羽づくろいをしようとして噛んでいる可能性。文鳥は社会性が高く、仲間でお互いに羽づくろいをし合います（親和行動）。人には羽がないので、結果的に皮膚を噛んでしまうということになるのかもしれません。

二つめは、繁殖期にナワバリを持つことが関係しています。自分のテリトリーに人の手を近づけて欲しくなくて噛んでいるのです。また、文鳥がパートナーと思っている人の近くにいると、文鳥が排除しようとして噛みます。

三つめは文鳥に限らず、どんな動物でもフラストレーションを感じた際に、自分より弱い下位の個体に当たるという行動をすることがわかっています。これが噛む行為につながっているのです。文鳥が飼い主さんよりも上位であると認識している場合は、文鳥がイライラしたときに八つ当たりとして噛む対象になっている可能性があります。

時間をかけて噛み癖と向き合う

噛み癖を治すのはなかなか難しいことです。まずは文鳥の行動を観察して、噛んでいる要因がどれにあたるのかを考えてみてください。

羽づくろいの場合は、よく噛まれる部分の皮膚を隠すと良いでしょう。テリトリーを守るための排除行動の場合は、テリトリーに手を出さないようにします。

イライラの矛先になっている場合は、自分の方が上位であると示すしかありませんが、なかなか難しいものです。たとえば、文鳥をあまりなでない(強い個体は相手にあまり奉仕せず、奉仕させる)、頭には止まらせない(上に乗る行為は文鳥の方が上位だと認識させる可能性がある)、気に入られようとしない(強い個体は媚を売らない)、心配な顔をしない(弱っているように見える可能性がある)などですが、多くの飼い主さんがやることと逆なのです。場合によっては文鳥に嫌われてしまうこともあるかもしれません。

一番やってはいけないのは、文鳥が噛むからといってお世話を放置してしまうことです。飼い主さんが文鳥とのふれあいすら怖くなってしまった場合は、専門家やトレーナーなどに相談しましょう。文鳥の個性を受け入れつつ、一緒に快適に暮らす方向を模索してください。

Q 呼び鳴きするのはなぜ？

Answer 群れで暮らす文鳥の習性です

呼び鳴きはコンタクトコールと呼ばれるもので、お互いの姿が見えなくなったときに、居場所を知らせるために行われます。野生の群れの中では自然に行われているものです。

呼び鳴きをする理由は、見えなくなった仲間を心配しているか、1羽になり不安になっているかのどちらか、もしくは両方と考えられます。群れで生活する上で身につけている習性のため、やめさせることは困難です。

あまりにも呼び鳴きがひどく情緒不安定な状態を分離不安と言います。孤独によるストレスは私たち人の想像以上のものです。そのような個体にさせないためには、複数羽で飼育し、できれば後述するハンドリング自然育雛（120ページ参照）を行って親鳥の愛情を受けて育つことです。ヒナのときに親から離され1羽で不安を感じながら育つと、1羽になること自体がトラウマになっているケースもあります。

飼い主さんが鳥が1羽でも大丈夫であると信じて接することも重要です。「この子は私がいないと生きていけない」と不安に思ったり、急に死んでしまうのではないかと常に心配した表情で鳥と接するのは危険です。群れの仲間の気持ちがわかる文鳥ですから、飼い主さんのメンタル状態も鳥に伝わってしまい、文鳥も不安になります。文鳥と離れるときは不安な表情をやめ、笑顔で「行ってきます」と声をかけるようにしましょう。

Q メスが卵を急に産んでしまった。卵は取り上げてもいいの？

Answer 産んだらすぐに取ってかまいません

　鳥は産卵の仕方で「確定産卵鳥」と「不確定産卵鳥」の2つに分けられます。確定産卵鳥は産卵する分だけ卵胞が発達するので、巣から卵を取り出しても決まった数しか産卵しません。不確定産卵鳥は、産卵する卵の数より多く卵胞が発達するため、卵を取り出すと数が揃うまで卵を産み続けます。卵が揃ったかどうかを母鳥が判断するのは見た目ではなく、抱卵しているときの胸部から腹部の感覚であると考えられています。

　文鳥がどちらのタイプかは調べられていませんが、同じスズメ目のイエスズメが確定産卵鳥であることから、文鳥も確定産卵鳥であると考えられます。不確定産卵鳥で最も知られているのはニワトリやウズラなどの早成鳥です。毎日何個も産めるのはそのためなのです。

　このような理由から、卵を取っても成長した卵胞の数以上に産卵することはないので、産んだらすぐに取って大丈夫です。本来は一回の産卵期に毎日産卵しますが、2週間や1ヶ月間隔が空くなど不規則に産卵することがあります。これは何度も発情期を繰り返している可能性があります。早く産卵を止めるには食事制限が有効です。餌をたくさん食べることで卵胞が成長するので、食事量が減ると卵胞の成長が止まり、排卵せずに産卵が停止します。

Q 出産した卵をメスが食べてしまった。お腹を壊さないの？

Answer 問題ありません。

衛生面が気になるという飼い主さんの声も多いですが、一般的に鳥が繁殖に適さないと判断した場合は、卵を食べます。自然でも見られる行動なので、食べても問題はありません。

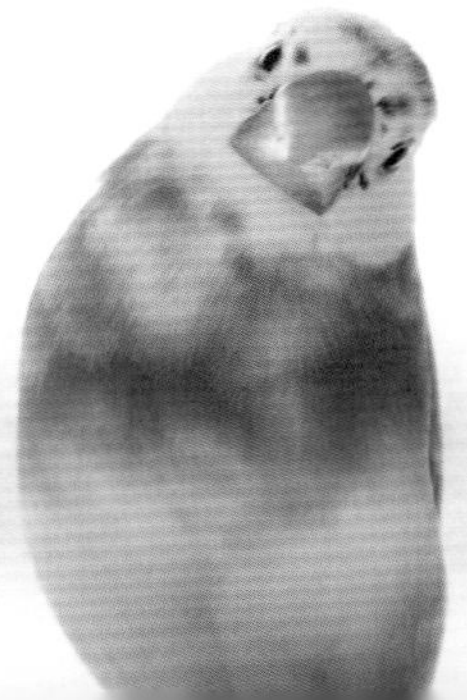

Special Column

ヒナの食事

推奨される挿し餌は、ヒナ用フォーミュラフードです(97ページ参照)。
以前はあわ玉が主流でしたが、現在はヒナ用の総合栄養食があります。

フォーミュラフードの作り方

フォーミュラフードはパウダー状になっています。粉にお湯を混ぜて流動食を作ります。食べさせやすい粉とお湯の割合・お湯の温度は、メーカーによって異なります。流動食は与えやすい硬さにしますが、ヨーグルト程度の硬さがおすすめです。与える際は、約35 ~ 40℃程度の温度で与えます。冷えてしまった場合は、電子レンジは使わずに、湯煎して温めましょう。

フォーミュラフードの与え方

《 与える回数 》

1日に与える回数は、日齢が若いほど回数を多く与える必要があります(5~8回程度)。また1回に餌を少量しか食べてくれない場合は、さらに回数を多くして摂取量を増やす必要があります。順調に育てば生後1ヶ月ほどで自立します。体重が下がらないか確認しながら、挿し餌の回数を徐々に減らしていきましょう。

《 使用器具 》

あわ玉は専用の器具で与えるのが一般的でしたが、流動食はそれでは吸いにくいので、細い注射器やチューブを付けたフードポンプがおすすめです。ヒナの体重測定は必ず行い、食べる前と食べさせた後の体重を測り、記録を付けましょう。

そ嚢には常に食事を!

そ嚢には常に餌が入っている状態にしておく必要があります。そ嚢が空になってから次の挿し餌をするという情報がありますが、親鳥はそ嚢が空になってから与えたりせず、常にそ嚢に餌が入っている状態にしています。そ嚢内に餌が多く入っていた方が、消化管の通過速度が速くなるため、1日の餌の摂取量を増やすことができます。

《 与える量 》

1回に与える量は、日齢によって変わります。日齢が若いとそ嚢が膨らみやすいので、1回に多く食べることができます。1回に与える量の基本はそ嚢が膨らんで、ヒナが食べなくなるまで（2～3ml程度）。しかし食欲旺盛なヒナはいつまでも食べようとします。喉まで餌が上がってきてしまうようだったら与えるのをやめましょう。自立近くまで育つとそ嚢が膨らまなくなってくるので、1回に食べる量が減ってきます。

《 与える時間 》

健康なヒナであれば、最初の挿し餌から最後の挿し餌まで13時間前後が目安です（例7:00 ～ 20:00）。1回に少量しか食べないヒナの場合は、もっと遅い時間まで餌を与えた方が良いでしょう（例7:00 ～ 23:00）。

一人餌の切り替え方

《 必ず体重管理を 》

自立時期になったら餌を置いて、自分で食べる練習をさせます。最初は口の中で転がして飲み込まずに落としたりすることもあります。食べ出すと体重が増えたり、挿し餌を減らしても体重が減らなくなるので、挿し餌をやめて一人餌に切り替えてよいかどうかを判断するには、体重のチェックが重要になります。体重が減らなければ、徐々に挿し餌の回数を減らし、最終的に挿し餌を与えなくても体重が減らなければ、一人餌に切り替えましょう。いつまでも欲しがるからといって挿し餌を与えていると、なかなか一人餌にならないことがあります。

《 時期の目安 》

一人餌になるのは、羽が生え揃う日齢が目安です。順調に育てば、約5週間です。成鳥の餌を食べるのは、通常親鳥やきょうだいが食べているのを見て学習します。通常の繁殖期であれば、家族期に当たる時期です。家にすでに成鳥がいて、餌を食べるのを見られれば学習できますが、1羽で育てている場合は一人餌になるのに時間がかかることがあります。長いと本来の一人餌になる時期から2週間以上かかることもあるので、それまでは無理に挿し餌を減らしたりせず、体重が下がらないよう気をつけましょう。

ペレット主食にするには最初が肝心

文鳥に推奨される餌はペレットです。最初にシードで一人餌にしてしまうと、後からではペレットを食べないことがあります。シードは後からでも食べるので、ペレットで飼育していく場合は、一人餌の練習のときにペレットのみ与えるようにします。このとき、数種類のペレットを置いておくことで、食べやすい形状を文鳥自身が選ぶことができます。

Special Column

新提案！　これからのヒナの育て方

ハンドリング自然育雛

親鳥のそばで人も育雛参加

人がヒナを育てることを人工育雛、親鳥がヒナを育てることを自然育雛といいます。ハンドリング自然育雛とは親鳥にヒナを育てさせ、日に数回ヒナを巣から取り出して人が触ったり、挿し餌の手伝いをすることです。ハンドリングとは手で触わるという意味です。ハンドリング自然育雛の場合、基本的にヒナは親鳥と常に一緒にいることになります。そのため、正常な精神形成と種特異的な行動や社会性を学ぶことが可能なうえ、人に馴らすことができます。親鳥だけで育てたときよりもストレスに強くなることが知られています。人工育雛は行動障害や人への性的刷り込みが起こりやすく、日常生活で鳥がストレスを感じる機会が多くなります。ハンドリング自然育雛は、このような問題を改善する育雛方法として今後の普及が期待されています。

10日齢から計画的に実行

ハンドリング自然育雛は、人に馴れている親鳥である必要があります。荒鳥の場合、人がヒナを触ると過剰なストレスがかかり、巣引きを中止したり、ヒナを攻撃してしまう恐れがあります。ヒナを触るのは、ヒナの眼が開く10～11日齢から行います。最初は日に3回、1回に1分程度からはじめます。人の手が温かいことを確認してからすべてのヒナを巣から取り出し、手の上に布を乗せ、その上にヒナを乗せて体を軽く指でなでます。このとき、親鳥が心配しないよう、見せながら行いましょう。くれぐれもヒナの体が冷えないよう気をつけてください。ヒナの羽が生え揃ってきたら、直接手のひらにヒナを乗せても大丈夫です。14日齢には日に4回程度、1回5分ほど触りましょう。徐々に触る時間を増やし、21日齢くらいには日に5回、1回に10分程度触るようにします。巣立ちする頃には1回に15分程度は遊ぶようにして、一人餌になったら親鳥と一緒に遊ぶことができるようになります。

ここで紹介する方法は、ひとつの目安です。実践する方が増えることで、より効果的な実践方法が発展していくことでしょう。

3章

病気・健康管理のヒミツ

いざというときに役立つ
病気や応急処置の知識がもりだくさん。
毎日の健康管理こそ、しっかりと！

文鳥の病気の背景

病気には大きく分けて感染性疾患と非感染性疾患があります。感染性疾患の原因は、細菌、真菌、クラミジア、マイコプラズマ、寄生虫などの病原体の感染によって起こります。感染が起こる要因は、感染源があることと免疫が病原体を排除できないことです。そして非感染性疾患の多くは内科疾患と生殖器疾患であり、生活習慣やストレスが病気の発症に大きくかかわってきます。これらを引き起こす背景には、次のようなものがあります。

1 流通の問題

ペットショップで販売されているヒナは、2週間前後で親鳥から離され、ブリーダーから問屋、ペットショップへと運ばれて販売されます。そして飼い主さんの元へと環境が目まぐるしく変わります。このような流通による環境の変化や展示による不特定多数の人の目に触れる状況は、緊張や恐怖によるストレスを感じさせ、免疫力を低下させる原因となります。そして流通の過程でヒナが置かれている環境は、衛生的ではない場合もあります。不特定多数の個体と接触したり、同じ餌と器具を使った給餌などの要因が重なり、さまざまな感染症に感染するリスクがあります。

流通での感染を防ぐには、当然ながら流通過程を減らすことです。親鳥の健康診断を行い繁殖をしているブリーダーさんの鳥や自家繁殖した鳥をお迎えすれば、感染症の心配はかなり減ります。ペットショップでお迎えする場合は、衛生的で清掃が行き届いているショップで、入荷したらすぐにお迎えすることをおすすめします。しかし人がヒナを育てることで起こる「育ちの問題」もあります。

2 育ちの問題

文鳥がストレスに弱くなる最も大きな要因は、親鳥から早期に離されることと示唆されています。通常は、狭く薄暗い巣のなかできょうだいと共に常に親鳥が寄り添った環境で成長します。敵に襲われさえしなければ恐怖を感じることもなく、安全・安心な環境で過ごしています。ところが人に馴らすために、ヒナは早期に巣から取り出され、親鳥の保護を受けずに人が給餌をして成長期を過ごすことになります。成長期は非常に多感な時期で、周囲の環境からさまざまな学習をしています。この時期の学習で重要なのは「母鳥の寄り添い」といわれています。触れ合うことや鳴き声を聞くことで五感を発達させ、安定した精神形成が行われます。また、親、きょうだいとのコミュニケーションを行いながら社会性を

身につけていきます。ヒナは複数羽で育つことで、文鳥どうしで社会性を学習します。1羽で育てられたヒナは、成鳥になっても文鳥どうしのコミュニティに入れないことがあります。

　キンカチョウのヒナから母鳥を離して父鳥のみで育てたグループとヒナを両親が育てたグループを比較した研究において、ペアのオスとメスを離した場合、10分後では両グループともにコルチコステロン（鳥のストレスホルモン）濃度がベースラインに比べて有意に上昇しましたが、30分の隔離では、両親が育てたグループはコルチコステロン濃度がベースラインレベルに戻りました。それとは対照に、父鳥のみで育てたグループは、さらに有意に上昇しました。

　このことは、「母鳥に育てられなかった鳥は、分離不安を起こしやすい」ことを示唆しています。母鳥から放すことを、母性剥奪といいます。母性剥奪によって引き起こされる幼少期のストレスは、成鳥になってからも視床下部-下垂体-副腎（HPA）軸に長期的な影響を与えることが示されています。つまり過剰にストレスを感じやすくなるのです。これはほかの鳥や哺乳類でも報告されており、文鳥も同様であると考えられます。

ヒナの正常な成長にはお母さんの愛が必要なのです。人がどんなに愛情をもって育てても人間には母鳥の代わりは務まりません。

2019年に改正された動物愛護管理法では、生後56日（8週間）を経過しない犬猫の販売が規制され、2020年6月から施行されました。これは社会化期に親から離すと、他の個体とのコミュニケーションを学ぶことができなくなり、問題行動が出やすくなるために取られた措置です。現在、鳥にはこの規制はありませんが、鳥の人工育雛を見直す時期が来ているのではないでしょうか。親鳥と離さずに人に馴らす方法として、ハンドリング自然育雛法（120

ページ参照）があります。これは親鳥が育てながら、ヒナを人が触ることで馴らすものです。このような育雛方法を採用するブリーダーさんが増えると、問題行動を減らすことが期待できます。

3 食事の問題

文鳥はあわ玉で育て、ひとりで食べるようになったらシードを与えるといった飼い方が一般的でした。その文化は今でも根強く、総合栄養食であるフォーミュラやペレットが日本で普及を始めて30年が経った今でも、未だに大半の方がシードをメインに与えています。

市販されているあわ玉には、ヒナが育つために必要なタンパク質やビタミン、ミネラルは含まれていません。市販のあわ玉のみで育てることは、この飽食の時代に赤ちゃんにおかゆだけを与えているのと一緒です。ヒナを育てる際はフォーミュラを与えて育てるようにしましょう。

成鳥の健康を保つには、食事はとても大切です。栄養不足はさまざまな内科疾患の原因となり、免疫力の低下を引き起こします。

シードのみで飼育する文鳥のほとんどが飼い主さんが気づかないまま栄養失調になっています。多くの獣医師がペレットを進めるのは、こういった理由があるのです。

4 発情の問題

発情による生殖器疾患を起こすのはメスです。オスは発情によって欲求不満はあるものの、病気になることはありません。メスは発情すると、血液中にタンパク質や脂質、カルシウムといった卵の成分が増えます。そして骨にはカルシウムが沈着します。この状態が続くと、肝臓に負担がかかり、骨の変形を起こすことがあります。また文鳥は、連日卵を産みます。そのため急激に多量のカルシウムを失うため、体の中でカルシウムが足りなくなると、低カルシウム血症を起こして動けなくなり、何度も繰り返していると、骨軟化症を起こして骨が変形をします。上手く産めなかった場合は卵詰まりを起こし、圧迫しても出ない場合は手術をしなければならなくなります。そのためメスの発情は極力抑えていかなければなりません（発情抑制に関しては、106ページ～参照）。

5 ケージ飼育の問題

地上で最も広範囲に、そして最も速く移動する動物は、鳥以外にいないでしょう。鳥は急激に飛ぶことができるよう、体温が高く、空腹時でも高い血糖値を保っています。文鳥の血糖値は280～380mg／dLもあります（人の空腹時の血糖値は、100mg／dL未満）。そのような体をしている鳥はケージにいる時間が長いと、必然的に運動不足になります。運動不足による肥満は、血液中の脂質の上昇も引き起こします。野生での飛翔は、適切な運動のみならず、素晴らしい景色を見ているはずです。自分が飛びたいときに飛べない生活は、ストレスに繋がる可能性があります。

ケージ飼育でも、放鳥時間を半日以上取れ、鳥が満足できるほど飛ぶことができれば、ストレスや運動不足は解消できると思います。人の不在時間が長く、放鳥時間を長く取れない場合は、飛ぶことができるようなるべく大きなケージを用意すると良いでしょう。鳥部屋を用意して、自由に飛べるスペースを用意している飼い主さんもいます。

6 人への性的刷り込みの問題

鳥は、ヒナのときに過ごした相手を配偶者として選ぶ特徴があります。これを性的刷り込みといいます。一般的な流通では、ヒナは途中まで親鳥と、そして飼い主さんにお迎えされるまではほかのヒナと過ごしていますが、お迎え後は人としか接していません。この状態で、人に性的刷り込みが起こるため、家族の中から好んだ人を配偶者として選択します。文鳥は一夫一婦制なので、ペアの存在はとても重要です。本来であれば繁殖期は行動を共にするため、ペアと思っている飼い主さんが不在になる時間が長いと、文鳥は強いストレスを感じます。1羽飼いの場合は、人しか仲間がいない環境です。常に家に人がいるか、人の不在時間が短い環境である必要があります。育ちの問題でも説明しましたが、母鳥に育てられていない鳥は分離不安が強くなる傾向があります。分離不安によるストレスは、老化や食欲亢進、羽毛損傷行動、常同行動の原因となります。

飼い主さんにとっては文鳥が帰宅時に喜び、出せば真っ先に自分にくっついてくることが嬉しくて仕方がないと思います。しかし文鳥にとっては、飼い主さんがいなくなる理由がわかりません。不在時に寂しさや不安を感じさせるのは、健康に良くありません。

文鳥に分離不安を起こさないためには、ペアとなった人が常に家に居るか、人に性的刷り込みを起こさせないために複数羽で飼育する方法があります。ハンドリング自然育雛（120ページ参照）や複数羽の文鳥のヒナを同じケースで育てたり、先に文鳥を飼っていたりすると、ヒナのときに他の文鳥と接しているので、人に性的刷り込みが起こりにくくなります。文鳥どうしでペアになれば、人が居なくなっても分離不安を起こすことがなくなります。なかには人に興味を失ってしまう場合もありますが、文鳥に日々どのように過ごして欲しいかをよく考えて、飼育数を検討すると良いでしょう。すでに分離不安を起こしてしまっている場合は、116ページを参考にしてみてください。

飼い主さんもできる！

自宅健康チェック＋

日々のチェックでしっかり健康を管理

病気の早期発見には、日々の健康チェックが大切です。体重測定と食欲のチェックは基本中の基本。それ以外にも、①排泄物、②元気があるか、③呼吸、④体の4項目のチェックポイントについて解説します。異常が見つかった場合は、早めに動物病院で診察を受けましょう。

1. 排泄物のチェック

尿酸

check!

尿酸は、糞便周囲にある白い部分です。便と別れて排泄される場合と、便の周囲をコーティングするようにして排泄される場合があります。

【 チェック項目 】

□尿酸の色

→黄色や緑色の場合…肝臓疾患、胆嚢嚢腫、敗血症、卵材性腹膜炎、中毒など。

水分尿

check!

水分尿は便と同時に排泄される水分のことです。紙の上で便をした場合、便周囲の紙に浸み込みます。水分尿が多いということは、水を多く飲んでいる可能性があります。

【 チェック項目 】

□便のまわりの水分尿の量

→多い場合…多飲、糖尿病、肝臓疾患、腎臓疾患、換羽、メスの発情、空腹など。

便

check!

文鳥は胆嚢があるため、食物が腸を通過するときにのみ胆汁が排出されます。

朝の空腹時の便には、腸粘膜のみが排泄されます。この便の色はオレンジ色（写真④参照）をしています。

便の色は個体差はありますが、食べている餌によります。シード食の場合は赤茶〜こげ茶色、ペレット食の場合はペレットの色に影響を受けて緑〜黄土色になります。着色ペレットを食べている場合は、赤っぽくなることがあります。個体差があるので、健康チェックのためにいつもの便の色や形を覚えておきましょう。時間帯による餌の摂取量によっても変わるため、一日の排便リズムも覚えておくと良いでしょう。

【 チェック項目 】

□便の色、形状、臭い、量

❶
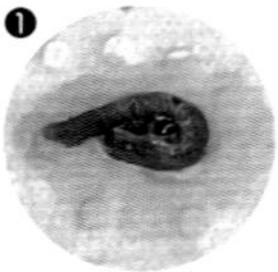
❷
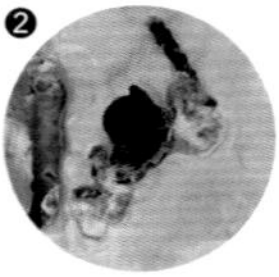
❸

❹
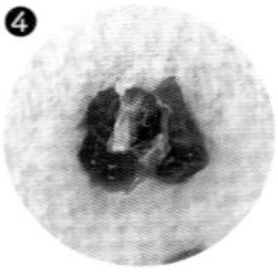

❶ペレット（ハリソン）主食の便
❷①が乾いたもの
❸シード主食の便
❹起床時のオレンジ色の便

2. 元気のチェック

元気があるかどうかは活動量と文鳥の様子でチェックをしましょう。下記の徴候が見られた場合は、調子を崩している可能性があります。昨日までは元気だったのに、急に元気がなくなることもあります。元気がない場合はすぐに保温し、動物病院で診察を受けましょう。

【 チェック項目 】

□いつも起きる時間に起きていない

□いつも鳴きだす時間に鳴かない

□いつもよりも動きが鈍い

□羽を膨らませている

□眼がショボついている

□くちばしを羽に入れて寝ている

□手で文鳥を触っても体に力が入っていない

□足が冷たい　など

3. 呼吸のチェック

文鳥の呼吸の速さは、胸部の動きで判断します。呼吸の速さは、安静時と運動後の両方で確認します。安静時にいつもより呼吸が速い場合と、安静時には問題なくても飛ぶと呼吸がいつもより早い場合があります。おなかが張っている場合は、呼吸器が圧迫されて苦しくなっていることがあります。

また異常がなくてもプチプチ音が出ることがあります。この音が聞こえる場合、この程度なら大丈夫という指標はありません。異常かどうかの鑑別は、レントゲン検査で行います。繰り返す場合は、様子を見ずに動物病院で診察を受けましょう。

【 チェック項目 】

□呼吸の速さ、呼吸音

□咳（ケッケッケッ）が出ていないか

□開口呼吸をしていないか

□プチプチ音、キューキュー音が出ていないか

→チェック項目に当てはまる場合…甲状腺腫、甲状腺癌、気管湾曲、鳴管炎、肺炎、気嚢炎、心疾患、吸入事故など。

4. 体のチェック

くちばし

くちばしの形状と色をチェックしましょう。伸びている場合は、くちばしの質が変化した可能性があります。くちばしの赤味は血液の色です。赤色の濃さは個体差がありますが、いつもよりも薄い場合や暗色の場合は要注意です。

【 チェック項目 】

□くちばしの変化、出血班

→肝疾患や高脂血症、老化など。

□くちばしの血色が薄い

→貧血、血圧の低下（食欲低下による脱水）、外傷性出血、敗血症、腎不全、骨髄炎、リンパ腫など。

□くちばしの血色が暗色

→血中酸素濃度が低い。チアノーゼ、甲状腺腫、甲状腺癌、気管湾曲、鳴管炎、肺炎、気嚢炎、心疾患、吸入事故など。

口内・口角

口内は、文鳥があくびをした際にチェックしましょう。口角は外からでもチェックできます。

【 チェック項目 】

□口の中が赤く腫れている・粘液が多い

→口内炎、トリコモナス症

□口角やその周囲の羽毛に餌や粘液が乾燥した塊がついている

→口角炎の可能性

脚

左右の脚にバランスよく負重しているかをチェックします。

【 チェック項目 】

□体を傾ける、片方の脚を持ち上げる、外に開いている

→痛みや麻痺がある可能性。
〈痛みの原因〉捻挫・打撲、骨折、脱臼、関節症、汎骨炎など。
〈麻痺の場合〉腎臓腫大、骨盤の異所性石灰沈着・骨肉腫など。
※上記のほかにも、腫瘍ができて動きが悪くなっている可能性もあります。

□指に止まらせ、左右の握力が同じかどうかをチェック

→片方の握りが弱い場合…痛みや腱断裂、腱鞘炎の可能性がある。

□脚全体にハバキがないかをチェック

→ハバキが多い場合…脚の血流が悪い、必須アミノ酸不足の可能性がある。

眼

眼のアイリングはくちばしと同じく血液の色で赤くなっています。

【 チェック項目 】

□血色が薄い・暗色

→くちばしが薄い・暗色の場合と同じ病気が考えられる。

□眼瞼《がんけん》が赤く腫れる・涙が出る

→結膜炎、眼瞼炎

□眼が白く濁る

→白内障、ぶどう膜炎、角膜炎

□眼球が出ている

→緑内障、副鼻腔炎

□眼球がくぼんでいる

→眼圧が低下している。

鼻孔

通常鼻孔内は乾燥していて、鼻孔周囲の羽毛に汚れが付着することはありません。また、
足の障害や爪の伸びすぎ、老齢によって自分の爪で鼻孔を掻けない場合や、顔まで水浴びをしない場合は汚れが鼻孔を塞ぐことがあります。

【 チェック項目 】

□くしゃみ、鼻孔内が濡れている、鼻孔周囲の羽毛が汚れている

→鼻汁がある、鼻汁が固まって鼻孔を塞いでいる場合…鼻炎、副鼻腔炎の可能性など。

羽

【 チェック項目 】

□脱羽

□羽質の低下
（ツヤやまとまりがなくなってないか）

→チェック項目に当てはまる場合…肝臓疾患、高脂血症、必須アミノ酸不足、抹消の血流障害、老化、皮膚炎など。
※文鳥は、特に頭部の脱羽が多く見られます。次の羽が生えてくるかどうかで、正常な換羽かを判断します。

おなか

【 チェック項目 】

□おなかが大きく張っていないか

→チェック項目に当てはまる場合…メスの発情、卵詰まり、卵材蓄卵材症、卵巣・卵管腫瘍、肝炎、肝臓腫瘍、胆嚢嚢腫、腎腫瘍、心疾患性腹水、腹壁ヘルニア、重度肥満など。

尾脂腺

文鳥の尾脂腺は、尾羽の根元、ぼんじり（25ページ参照）の上にあります。

【 チェック項目 】

□尾脂腺が腫れていないか

→チェック項目に当てはまる場合…導管が詰まって分泌物が溜まっている、尾脂腺炎の可能性がある。

爪

健康な文鳥の爪は先が尖っていますが、質が悪くなると尖らなくなり、太いまま伸びます。爪質が悪くなる原因は、肝臓疾患、必須アミノ酸不足、老化などが原因です。

【 チェック項目 】

□体を傾ける、片方の脚を持ち上げる、外に開いている

→痛みや麻痺がある可能性。
〈痛みの原因〉捻挫・打撲、骨折、脱臼、関節症、汎骨炎など。
〈麻痺の場合〉腎臓腫大、骨盤の異所性石灰沈着・骨肉腫など。
※上記のほかにも、腫瘍ができて動きが悪くなっている可能性もあります。

翼

【 チェック項目 】

□いつもより開きすぎていないか

□風切羽が落ちていないか

□いつも通り飛べるか

→チェック項目に当てはまる場合…打撲・捻挫、骨折、脱臼、腱断裂、関節症、汎骨炎、腫瘍などの可能性がある。
※ただし、換羽中で風切羽が抜けている量が多い場合は、飛べなくなる場合があります。

Special Column

ベスト体重の見つけ方

文鳥の一般的な体重は23 ～ 28g、平均体重は約25gです。もちろん人と同じように一般的な体重より低い個体も重い個体も少数存在します。ベストな体重を見つけるには、肉付きを確認する必要があります。鳥の肉付きは、胸筋を触って確認します。鳥を保定して、利き手の人差し指で胸の筋肉を触ります（写真参照）。胸の中央には胸骨（竜骨突起）があり、その左右の筋肉の付き方で評価します。この評価方法をボディコンディションスコア（BCS）またはキールスコア（KS）と言います。キール（Keel）とは、竜骨突起のことです。この本ではBCSとして評価方法を示します。

ベストな体重をさらに評価するためには、体格と皮下脂肪の量を確認する必要があります。しかし体格に関しては、飼い主さんが客観的に評価することが可能な指標がありません。また皮下脂肪を確認するには、保定して羽を除けて調べる必要があります。このような確認はテクニックが必要なため、正確なBCS評価も含めて、実績のある鳥専門病院で診察を受けると良いでしょう。

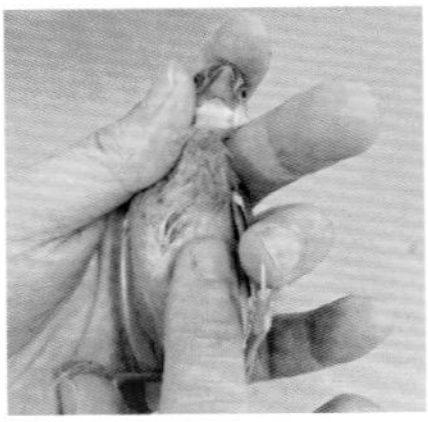

文鳥を保定し、指で肉付きを確認しているところ。

ボディコンディションスコア（BCS）の見方

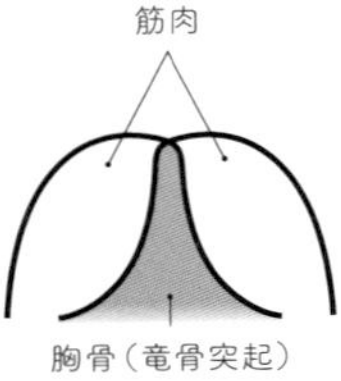

BCS5

左右の筋肉が竜骨よりも盛り上がって発達している状態で、肥満状態にあることが多い。食事量を減らす必要がある。

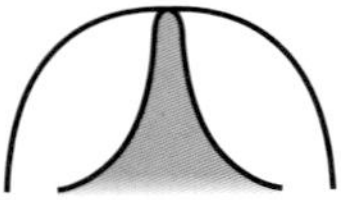

BCS4

竜骨突起と同じ高さまで筋肉が発達している。少し肥満に気をつけた方が良い。

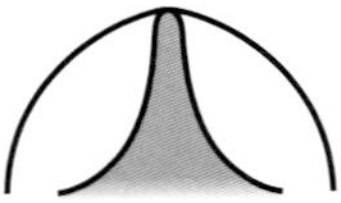

BCS3

筋肉の発達が竜骨突起よりもやや低い。この肉付きが最も良い、健康的な状態。このときの体重がベストだと判断できる。

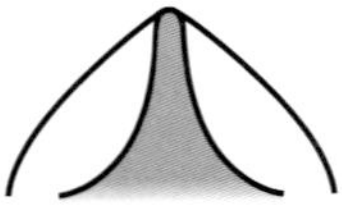

BCS2

筋肉の発達が竜骨突起よりも明らかに低くなり、胸が尖っていると触ってわかる状態。摂取量が減って痩せている。

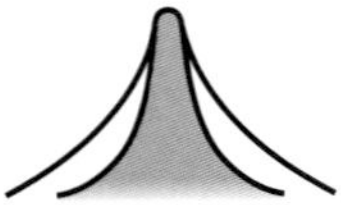

BCS1

筋肉の発達がほとんどなくなっている。体重がかなり減少し、危篤な状態。

個体差を忘れないで

飼育情報は一般化されている

ここまで健康や病気について触れてきましたが、飼い主さんに忘れないでほしいのが、文鳥には個体差があるということです。文鳥という生き物特有の生理や性格というものは、もちろんあります。しかし、何かをまとめて説明すると「一般化」になってしまいます。「日本人の性格って〇〇だよね」と説明することも一般化した表現です。本書も含め、本やインターネットにまとめられた情報は一般化されています。一般化された情報は、非常にわかりやすく伝えやすい反面、個体差には言及できないという欠点があります。また、一般化された情報と我が家の文鳥の様子が異なることで、不安になる方もいます。

文鳥には無数の個体差があり、一般的な生理や性格とは異なる個体もたくさん存在します。

たとえば、文鳥の平均体重は25gですが、21gにしかならない。2ヶ月齢でヒナ換羽がくるはずなのになかなか始まらない。人懐っこいと聞いていたのにまったく触らせてくれない、にぎらせてくれないなど、一般的な情報と異なる例はたくさんあります。

文鳥のありのままを受け入れる

個体差というのは、どんな動物にも存在し、種内の多様性として知られています。飼い主さんの中には、一般的な情報と我が家の文鳥が異なる場合や、自分の期待する生理や性格と異なることに悩んでいる方も多いようです。

お迎えした文鳥が必ずしも期待する生理や性格とは限りません。どんな文鳥でも、あるがままを認めて愛するのが飼い主さんの務めです。

しかしなかには、当然ながら個体差ではなく病的なことが要因のケースもあります。判断が難しい場合は、文鳥をよく知る人や専門医に診てもらいましょう。

健康診断のススメ

ヒナこそ健康診断を

ヒナは必ずしも健康な状態で販売されているとは限りません。良心的なお店もありますが、残念ながら健康診断をせずに販売している店舗が多いのが現状です。親鳥が感染症を持っていたり、流通過程でほかの鳥と一緒に過ごすため、すでに感染症にかかっている場合があります。ヒナをお迎えしたら早めに健康診断を受けましょう。

健康診断の検査項目は、身体検査、そ嚢《のう》液検査、糞便検査が基本です。できればクラミジアの遺伝子検査を受けましょう。クラミジアは、人にもうつるオウム病の病原体です。インコ類だけでなく文鳥も感染するので、鳥の健康のみならず、鳥を飼育するうえで人の公衆衛生的な観点からも検査を受けるようにしましょう。

定期的な健康診断がベスト

病気の早期発見には、定期的な健康診断が大事です。検査項目は、身体検査、そ嚢液検査、糞便検査が基本です。しかし、これだけでは、体の中まではわかりません。レントゲン検査では、骨格や内臓の異常、腫瘍の有無などがわかります。また血液検査をすることで、内臓機能に異常がないかも確認できます。

健康診断の頻度は、年に2～3回が良いでしょう。そのうちの1回は、レントゲン検査と血液検査を含めた総合健康診断を受けましょう。クラミジアに感染していた場合、1回の検査で検出できないこともあります。年に1回はクラミジアの遺伝子検査を受けるのが理想的です。

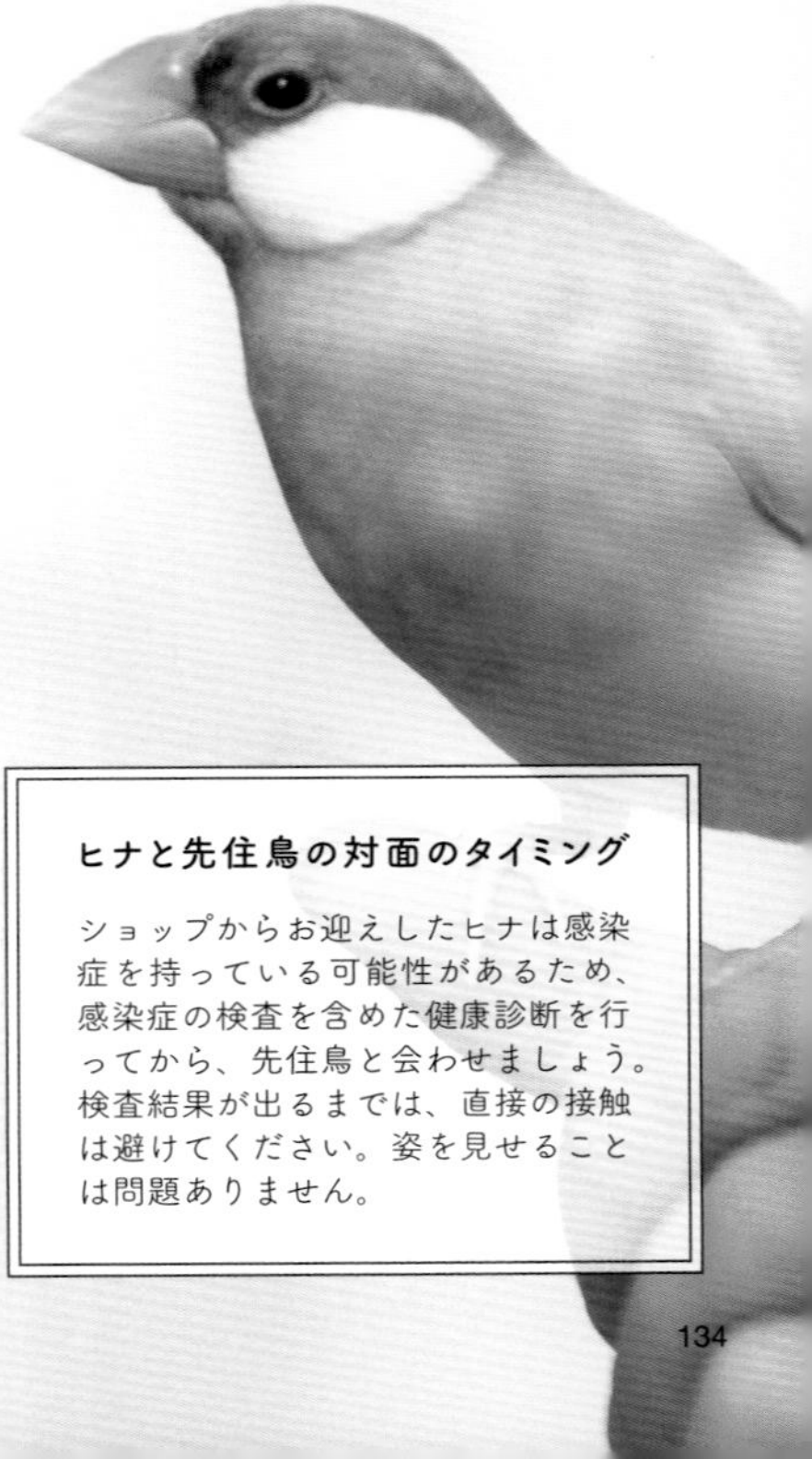

ヒナと先住鳥の対面のタイミング

ショップからお迎えしたヒナは感染症を持っている可能性があるため、感染症の検査を含めた健康診断を行ってから、先住鳥と会わせましょう。検査結果が出るまでは、直接の接触は避けてください。姿を見せることは問題ありません。

こんなときは動物病院へ!

文鳥の危険な症状リスト

いつもと違う様子の文鳥に気づいたら、できるだけ早期に病院へ連れて行きましょう。
特に、下の項目にあてはまる症状が見られたら早期受診をしてください。

《便》

□便が黒い
□便に血が混じっている
□便に未消化のシードが出ている
□便が出ない
□尿酸が黄色〜緑色をしている

《行動》

□吐き気が止まらない
（吐きたそうにしている、えづいている）
□けいれん・体の震えが止まらない
□うずくまって動かない
□フラフラしている
□何度もいきんでいる

《水》

□水を飲まない
□水を多く飲んで、尿がたくさん出る

《呼吸》

□呼吸が荒い、口が開きっぱなし
□呼吸音が聞こえる

《見た目》

□鼻水が出ている、鼻が詰まっている
□おしりから何かが出ている
□眼が腫れている、涙が出ている
□くちばし・アイリング・脚・爪の色がいつもと違う
（血色が薄い、暗色）
□体表・くちばし・脚にしこりができている
□脱羽して皮膚にカサブタができている
□おなかが張っている

Special Column

自宅でできる!

病院に行く前の応急処置

深夜や休日で病院に行けない……。そうした止むを得ないときのための応急処置の方法を紹介します。応急処置は、一時しのぎに過ぎません。処置後は必ず病院に行きましょう。

膨羽し、衰弱している場合

羽を膨らませているときは、体温が下がっている証拠です。しっかりと保温をして体を温めましょう。温度の目安は30～33℃、湿度は40～60%です。鳥周囲の空気の温度を上げるのが基本ですが、温風が直接当たらないようにしましょう。

緊急の場合は、使い捨てカイロやペットボトルにお湯を入れたものをタオルで包み、文鳥の体に当てて直接温めます。体が温まっているかどうかの確認は足とくちばしを触ってください。あたたかくなっていれば体が温まっています。

温めすぎてしまうと口を開けてハアハアします。そうした症状が見られたら少し温度を下げましょう。

人の手が温かければ手で温めることができますが、羽の生えていないヒナの場合は、手で直接触ると体温を奪ってしまうことがあるので気をつけましょう。

食欲がまったくないとき

緊急時に水分と電解質、カロリーを補給するには、ポカリスエット® を使うことができます。ポカリスエットを40℃ほどに温めて、スポイトや注射器、指の先につけて、くちばしの横から1滴ずつ飲ませます。1回に10滴までは飲ませても大丈夫です。これを1～2時間おきに与えて、病院へ連れて行きましょう。ハチミツにはボツリヌス菌の芽胞が混入していることがあるため、おすすめできません。

熱中症を起こした場合

夏場、クーラーが効いていなかったり、誤って保温しすぎた場合に熱中症を起こすことがあります。

熱中症の症状は、暑さを逃がすために体がシュッと細くなった状態で、ずっと開口呼吸をしています。体に触ると体温も熱くなっており、特に足とくちばしが熱く、真っ赤です。

熱中症を起こした場合は、すぐにクーラーの風を当てて体を冷やしましょう。体が小さいため、体温はすぐに下がります。開口呼吸が治まったら、風を当てるのを止めて涼しい部屋で過ごさせます。

文鳥が水浴びをしたがる場合はやらせてかまいませんが、人が水をかけたり、氷で直接冷やすのは止めましょう。熱中症による脱水を補うには、オーエスワン® が使えます。1回に10滴までは飲ませても大丈夫です。これを30分から1時間おきに与えて、病院へ連れて行きましょう。

出血した場合

クイックストップ®

〔 止血剤を使用する 〕

爪や羽からの出血は、止まりにくいことがあります。爪切りをする時は、爪用止血剤のクイックストップ® を使用します。

止血剤を使わずに深爪で出血させてしまった場合は、片栗粉で代用できます。文鳥を保定し、爪の根元を指で抑えて出血を止め、ティッシュペーパーで血液をふき取ります。その後、片栗粉を指につけて爪先に塗り込んで数秒抑えます。

出血が止まらない場合は、出血が止まるまで同じ処置を繰り返します。出血が止まれば病院に連れていく必要はありませんが、痛みが強そうな場合は病院へ連れて行きましょう。

〔 新生羽の出血 〕

風切羽の新生羽は太く、内部に血液が通っているため、折れると多量に出血することがあります。折れた新生羽の羽軸を抜くことができれば出血は止まることが多いです。しかし、血液が固まりかけてしまい、羽軸を確認できないことがほとんどです。

この場合は、鳥を保定して出血している辺りにティッシュを当てて指で挟み、圧迫止血します。1分ほど圧迫したら一度鳥をケージに戻して休ませ、再び捕まえて出血が止まったかを確認します。出血が止まっていなければ、もう一度同じ処置を出血しなくなるまで繰り返します。出血が止まったら、病院へ連れて行きましょう。

くちばしとアイリングの血色が薄い（または暗色）場合／呼吸困難の場合

くちばしとアイリングの血色が薄い場合は、貧血か血圧が下がっているときです。血色が暗色になっている場合は、血中酸素濃度が下がっています（14ページ写真参照）。

開口呼吸や呼吸促迫をして呼吸困難になっている場合は、酸素が必要な状態です。緊急に酸素供給を行う場合は、小さなプラケースに文鳥を入れ、上にラップをかけます。隙間からスプレー式の携帯酸素缶で3～5秒ほど酸素を入れます。時間が経つにつれて酸素濃度が下がり、二酸化炭素濃度が上がってくるので、30分おきに中に酸素を3～5秒噴射して中の二酸化炭素を飛ばして酸素を補給します。

病院はプラケースのまま保温をして連れて行きましょう。

文鳥の主な病気

文鳥がかかりやすい病気です。どんな病気があるか知っておくと安心です。

【目】

○結膜炎・角膜炎

結膜（白目やまぶたの裏側の粘膜）や角膜（眼球の表面）にできた外傷や細菌感染などで炎症が起きる。

症状 痛みのため目を頻繁に閉じる、角膜の白濁、膨隆。

○ぶどう膜炎

眼の中のぶどう膜（虹彩、毛様体、脈絡膜）に細菌感染や外傷、または明らかな原因がなく炎症が起きる。

症状 痛みがある場合は目を閉じる、眼内に白いモヤが出る。

○白内障

加齢によるものが多く、目の水晶体が白濁し、視力が低下する。進行すると視力を失う。

症状 目の虹彩が白濁し、行動に変化が出る。

【嘴・口腔】

○口内炎・口角炎

細菌や真菌、寄生虫などの感染により口腔内や口角に炎症が起こる。

症状 口内の粘膜が赤く腫れる。口角にカサブタができる。頻繁に口や舌を動かす、食欲不振、よだれ、口臭など。

○嘴変形・不正咬合

栄養不足や肝臓疾患、高脂血症、老齢により嘴の成長に異常が生じる。先天性奇形もある。

症状 上下嘴の先端や上嘴の横が伸長する、嘴の噛み合わせが悪い。

○嘴腫瘍

腫瘍の発生原因は不明だが、嘴に腫瘍ができることがある。

症状 嘴の一部が盛り上がり始め、徐々に大きくなる。自潰して出血することもある。

【呼吸器】

○鼻炎・副鼻腔炎

細菌や真菌、マイコプラズマなどにより鼻腔および副鼻腔に炎症が起きる。

症状 くしゃみ、鼻汁、鼻・目の周囲の腫れなど。

○肺炎・気嚢炎

細菌や真菌の感染、誤嚥《ごえん》により肺や気嚢《きのう》に炎症が起きる。

症状 初期は、少し呼吸が速くなり呼吸音が出る。進行すると咳、開口呼吸、呼吸困難など。

○クラミジア症

感染鳥の便に排泄されるクラミジアを摂取・吸入することで感染する。

症状 膨羽、食欲不振、黄・緑色尿酸、鼻炎、肺炎、結膜炎、肝腫大など。

○アスペルギルス症

カビの一種であるアスペルギルスの胞子を吸入し、感染する。免疫が低下していると発症しやすい。

症状 鼻炎、副鼻腔炎、肺炎、気嚢炎による呼吸困難、結膜炎など。

【消化器】

○トリコモナス症

そ嚢《のう》に感染する寄生虫のトリコモナスによって起こる。主にヒナのときに感染する。

症状 食欲不振、口内のねばつき、そ嚢炎による嘔吐、食滞など。

○コクシジウム症

寄生虫のコクシジウムによる感染症。アトキソプラズマの仲間で、腸から血液に入る生活環を持つ。

症状 多くの場合は無症状。時に下痢、血便、未消化便など。

○カンジダ症

カビの一種であるカンジダによる感染症。免疫低下が低下していると発症しやすい。そ嚢や胃腸で炎症を起こす。

症状 嘔吐、未消化便など。

○メガバクテリア症

カビの一種であるマクロラブダスによる感染症。胃炎に感染して、炎症が起きる。

症状 嘔吐、未消化便など。

○胃障害

シードの消化負担により筋胃が障害を起こし拡張する。シードのすり潰しができなくなる。

症状 嘔吐、未消化便、腹部膨隆など。

○肝腫大

マイコバクテリウムやその他の細菌の感染による肝炎、腫瘍によって肝臓が腫れる。

症状 肝臓が腫れ、腹が張る。爪や嘴の伸長、黄・緑色尿酸など。

○胆嚢嚢腫

胆管閉塞により胆嚢内に胆汁が溜まり、胆嚢が嚢腫状になる。

症状 おなかの中に深緑色のしこりができて、腹が張る。

【生殖器】

○卵詰まり・卵塞症

産卵する際にうまく卵が排出されない状態。卵の形成不全やカルシウム不足、冷えなどが原因で起こる。

症状 床でうずくまる、膨羽、食欲不振、いきむなど。

○卵材停滞

卵管内に卵材が残った状態。卵管内で卵が割れたり、卵の形成不全で起こる。

症状 痛みがなければ無症状。痛みが出ると、膨羽、食欲不振になる。

○総排泄腔（クロアカ）脱・卵管脱

発情時、特に産卵後に産道が緩み、総排泄腔や卵管が反転して脱出する。

症状 排泄腔から赤い臓器が出る、卵が膜に包まれた状態でぶら下がる。

○クロアカポリープ

卵管口（卵の出口）付近の炎症を起こした粘膜や腫瘍がポリープ状になって排泄腔から飛び出す。

症状 排泄腔から赤いヒダ状のものやしこりが脱出する。

○卵巣腫瘍・卵管腫瘍

卵巣および卵管に腫瘍ができる。慢性的な発情が大きな要因と考えられている。

症状 腹部膨大、呼吸困難など。

【皮膚】

○皮膚真菌症

真菌による皮膚の炎症。ビタミンA欠乏などの栄養不足や皮膚の免疫低下によって起こる。

症状 主に頭部〜頸部、脚に白〜黄色のカサブタ状のものができる。

○疥癬症

寄生虫のトリヒゼンダニの寄生によって起こる。発生は比較的稀。

症状 嘴上部や脚に白っぽいカサブタ状のものができる。

○尾脂腺詰まり

尾脂腺の導管が詰まり分泌物が出なくなる。詰まる原因は不明だが、導管の感染、肥満による分泌液の粘度上昇などが考えられる。

症状 尾脂腺内に分泌物が溜まり、尾脂腺が腫れる。自潰して尾脂腺に穴が開くことも。

【循環器】

○心疾患

先天性や老化によって起こる。肥満やストレスは老化を起こしやすい。

症状 咳、呼吸困難、チアノーゼ、腹水による腹部膨大。

○動脈硬化

食べすぎや運動不足による肥満、高脂血症による高血圧で起こる。

症状 心疾患に伴うことが多く、レントゲン検査で血管が太く濃く写る。

【腎臓】

○腎機能障害

感染やビタミンA不足、腫瘍、老化により腎機能が低下する。

症状 脱水、脚の麻痺、腹部膨大、呼吸困難など。

【代謝性の病気】

○脂肪肝

肥満や脂質が多い食餌により肝細胞の中性脂肪が上昇した状態。

症状 （慢性）食欲低下、嘴の過長、羽毛形成不全、出血斑など。（急性）膨羽、黄・緑色尿酸、嘔吐、食欲不振後の突然死。

○糖尿病

膵臓のホルモン分泌異常により血糖値が上昇する。食べすぎ、肥満が原因になることが多い。

症状 多飲多尿、尿に糖が混じり光沢が出る、過食なのに痩せる、けいれん、突然死。

○薄羽・羽毛形成不全

タンパク質不足、抹消血流障害、老化などにより羽嚢《うのう》の活性が落ちていることが疑われる。

症状 頭部周辺の羽毛が生えなくなり、薄くなる。羽が正常な形状に成長せず、ツヤやまとまりがなくなる。

○ハバキ

タンパク質不足、抹消血流障害、老化などが原因と考えられる。

症状 跗蹠《ふしょ》から趾《あしゆび》の脚鱗《きゃくりん》が硬くなり、はがれずに盛り上がる。

【その他】

○甲状腺腫

ヨード欠乏により甲状腺ホルモンが作れず、甲状腺刺激ホルモンにより甲状腺が腫れる。

症状 開口呼吸、呼吸困難、チアノーゼ、呼吸音（ヒューヒュー、キューキュー、プチプチ）、咳など。

○**甲状腺がん**
甲状腺の腫瘍。甲状腺腫の治療に反応しないことで診断する。
症状 開口呼吸、呼吸困難、チアノーゼ、呼吸音(ヒューヒュー、キューキュー、プチプチ)、咳など。

○**骨肉腫**
骨に発生する腫瘍。全身の骨に発生し、転移しやすい。
症状 腫瘍ができた部位にしこりができる。肺に転移すると呼吸困難を起こす。

○**胸腺腫**
胸腺に発生する腫瘍。鳥の胸腺は頸部にある。
症状 頸部にしこりができる。進行すると親指頭大ほどに成長することもある。

○**変形性関節症**
膝関節や肩関節に発生しやすく、関節の捻挫・打撲、肥満による膝関節への負担、メスの慢性発情による多骨性過骨症によって起こる。
症状 飛べない、歩行異常、痛みが出た脚をかばう。

○**腱鞘炎**
脚の腱と腱鞘《けんしょう》が擦れて炎症を起こし、腱の滑りが悪くなる。肥満による脚への負担や老化によって起こる。
症状 握力が低下し、脚力が低下する。

○**腹壁ヘルニア**
腹部に袋状のヘルニア嚢(腸管や卵管などの臓器が脱出した状態)ができる。先天性や事故、メスの発情に起因するものが多い。
症状 腹部膨隆、腸閉塞など。

文鳥のてんかん発作

緊張や恐怖を感じた際に出るけいれんをてんかん発作といいます。文鳥に多く見られますが、インコ類にも時折見られます。特徴は、目がうつろになり、頭部の震えから徐々に全身の震えを起こします。嫌がった際のようなギャーギャーという鳴き声を出すこともあります。多くの場合1分前後で震えが治まり、その後眼をつむって開口呼吸が荒くなりますが、5分程度で回復し、いつも通りに戻ります。

てんかんには、脳に何らかの障害や傷があることによって起こる「症候性てんかん」とさまざまな検査をしても脳に異常が見つからない原因不明の「特発性てんかん」があります。文鳥は、頭部CT検査ができますが、CT検査のみで脳の障害を診断することはできません。そのため文鳥のてんかんが、どちらのてんかんに当たるか診断できないのが現状です。

てんかん発作は、脳の電気的過剰興奮によって生じます。文鳥の場合は緊張や恐怖が引き金となることが多いため、発作の予防には驚かせたり、怖がらせないことが大切です。発作が頻繁に出なければ、治療を行わないことがほとんどです。

ケージの前を通っただけでも発作が起きてしまう場合は、抗てんかん薬の投与を行います。

おわりに

文鳥は愛らしく、とても小さな生き物です。

そのためか、我が子のように、ときには我が子以上にかわいがる飼い主さんも多いかと思います。大切に思えば思うほど、この子に何かあったらどうしようと心配になってしまうことでしょう。心配という言葉は、悪い意味のようにも感じられますが、良い面もあります。心配であるということは、それだけ文鳥を気づかって見てあげられるからです。ちょっとした変化にも早く気づき、対処をすることができます。

ただし、心配する際に気をつけたいのは、心配が監視になってはいけないという点です。自分が心配されている立ち場を想像してみましょう。誰かにじっと見られている中で生活をするのは、気が休まらずに疲れてしまうのではないでしょうか。夜中に頻繁に覗かれたりすると、驚き、緊張につながるはずです。

人の感情はとても強いです。そしてその強い感情は目から伝わります。心配な目をしている人にじっと見られ続けていると、文鳥自身が不安になってしまう可能性があります。文鳥を見るときは、監視ではなく見守りの視線を心がけてみてください。「大丈夫かな」と心配そうな眼差しを文鳥に向けるのではなく、「大丈夫だよ」と、文鳥にとって何かあったら頼れる存在として、温かい眼差しで見守るようにしましょう。できるだけ、心配は文鳥の目の前で見せないようにしてあげてください。文鳥は安心して過ごすことができます。

昨今は飼育に関する情報も、インターネットなどで簡単に検索できるようになりました。しかし、そのなかで矛盾した情報を拾ってしまい、何が正しいのかがわからなくなり、心配に陥る飼い主さんが多いようです。噂がいつの間にか定説になってしまっているケースもあります。飼育に関する情報は、愛鳥家やブリーダーの経験、獣医師の私見、飼育本、科学論文に至るまでさまざまなソースがあります。しかし、生き物には個体差があることを忘れないでください。すべての個体差を考慮した情報はありません。絶対にこれがすべての文鳥に当てはまる、すなわち我が家の文鳥にもこれが当てはまる、と明確に判断できる情報はないのです。生き物を飼うことにおいて、絶対的な正しさはありません。ある個体によっては正しくても、ある個体によっては合わないこともあるのです。

大切なのは、考え方や見方を知るということです。たとえば、「飼育に適した温度は何度が良い」という答えではなく、「寒いときや暑いときに文鳥はどのような行動を取るのか」ということを知っていれば、自宅の文鳥に合った温度を見つけることができます。この本では、その考え方や見方が身につけられるように書いています。文鳥の個体差を含めて考えられるのは飼い主さんしかいません。もちろん困ったときは、専門家の知恵を借りましょう。

我が家の文鳥に向き合い、学び、考え続けることで、あなたの文鳥にとってのより良い暮らしが見えてくることを願っています。

横浜小鳥の病院院長　**海老沢和荘**

海老沢 和荘　Kazumasa Ebisawa

横浜小鳥の病院院長。鳥専門病院での臨床研修を経て、1997年にインコ・オウム・フィンチ、その他小動物の専門病院を開院。鳥類臨床研究会顧問、日本獣医エキゾチック動物学会、日本獣医学会、Association of Avian Veterinarians所属。

撮　影	宮本亜沙奈
イラスト	タカヒロコ
	曽根田栄夫（ソネタフィニッシュワーク）
ブックデザイン	黒須直樹
編　集	荻生　彩（グラフィック社）

文鳥のヒミツ

2021年3月25日　初版第1刷発行
2021年6月25日　初版第4刷発行

著　者	海老沢和荘　グラフィック社編集部
発行者	長瀬　聡
発行所	株式会社グラフィック社 〒102-0073 東京都千代田区九段北1－14－17 TEL 03-3263-4318（代表）　FAX03-3263-5297 振替00130-6-114345 http://www.graphicsha.co.jp/
印刷・製本	図書印刷株式会社

ISBN 978-4-7661-3451-3　C0076